Karen McCreadie
Sunzis *Die Kunst des Krieges*

W0056999

Karen McCreadie

Sunzis *Die Kunst des Krieges*

52 brillante Ideen für Ihr Business

Aus dem Englischen
von Nikolas Bertheau

© der englischen Originalausgabe: The Infinite Ideas Company 2008
Die englische Ausgabe erschien unter dem Titel:
»Sun Tzu's The Art of War. A 52 Brilliant Ideas Interpretation by
Karen McCreadie«

Bibliografische Information der Deutschen Nationalbibliothek

Die Deutsche Nationalbibliothek verzeichnet diese Publikation in der
Deutschen Nationalbibliografie; detaillierte bibliografische Informationen
sind im Internet über http://dnb.d-nb.de abrufbar.

ISBN 978-3-86936-059-1

© 2010 GABAL Verlag GmbH, Offenbach

Projektleitung: Ute Flockenhaus
Lektorat: Anke Schild, Hamburg
Satz und Layout: Das Herstellungsbüro, Hamburg |
    www.buch-herstellungsbuero.de
Umschlaggestaltung: Martin Zech Design, Bremen |
    www.martinzech.de
Druck: Salzland Druck, Staßfurt

INHALT

兵法 Ja, ich weiß, Sie haben schon von der *Kunst des Krieges* gehört – wer aus der Wirtschaft, der etwas auf sich hält, hat das nicht? Höchstwahrscheinlich gehören Sie zu den Millionen Menschen auf der ganzen Welt, die bereits ein Exemplar besitzen – griffbereit im Bücherregal neben *Führen lernen* von Warren G. Bennis, *Die sieben Wege zur Effektivität* von Stephen Covey und *Denke nach und werde reich* von Napoleon Hill. Und ebenso wahrscheinlich haben Sie wie viele andere eines Tages neugierig nach dem Büchlein von Sunzi gegriffen, um sich seine jahrtausendealte Weisheit anzueignen, nur um nach wenigen kurzen Kapiteln zu spüren, wie Ihnen gerade der Lebensmut schwindet. Keine Angst, Ihr Geheimnis ist bei mir sicher aufgehoben.

Die Kunst des Krieges ist ein Klassiker und verdient unseren tiefsten Respekt, aber sie ist keine einfache Lektüre – und erst recht nicht für diejenigen, die sehr viel arbeiten, die nicht die Zeit haben, lange über einzelnen Seiten zu brüten und zu versuchen, sich die Bedeutung zu erschließen und diese auf die eigene Situation zu übertragen. Da helfen auch die vielen kommentierten Ausgaben nicht unbedingt weiter, ganz zu schweigen von den ungezählten Interpretationen mit Blick auf diverse Lebensbereiche wie Geschäftsstrategie, Führung, Sport und sogar … Beziehungen!

Die Kunst des Krieges wurde natürlich ursprünglich auf Chinesisch verfasst. Was jeder Übersetzer weiß: Allein schon durch die Übertragung gehen zwangsläufig einige Nuancen des Originaltextes verloren, weil häufig Wörter oder Wendungen fehlen, mit denen sich der ursprüngliche Bedeutungszusammenhang vollständig wiedergeben ließe. Dazu kommt, dass der Text im sechsten Jahrhundert vor unserer Zeitrechnung von einem Militärgenie – Sunzi oder Meister Sun – geschrieben wurde und folglich stellenweise nicht einfach zu lesen ist.

Die Kunst des Krieges gilt dennoch bis heute als Pflichtlektüre für jeden Manager, der im globalen Strategiespiel mithalten will, und sie hat militärische Planungen im Osten ebenso wie im Westen entscheidend beeinflusst.

Eine 1972 von Archäologen auf Bambusrollen entdeckte Version der *Kunst des Krieges* bestätigte, dass die Abhandlung aus lediglich dreizehn Kapiteln besteht, die den verschiedenen Elementen einer erfolgreichen Kriegsführung gewidmet sind.

In der Annahme, dass Ihnen der Sinn nicht danach steht, in absehbarer Zukunft in irgendwelche Länder einzumarschieren oder irgendwelche Königreiche zu belagern, werde ich die Strategie unter dem vermutlich weniger gefährlichen Aspekt des wirtschaftlichen Nutzens interpretieren.

Zitate aus der *Kunst des Krieges* erscheinen in diesem Buch kursiv gesetzt. Die verwendete Übersetzung basiert auf der englischen Version von Lionel Giles aus dem Jahr 1910. Es mögen viele ähnliche Übertragungen existieren, aber diese hat den Test der Zeit bestanden, und wenn die Wortwahl auch je nach Übersetzung variieren mag, bleibt der wesentliche Inhalt doch derselbe.

Ich maße mir nicht an, zu behaupten, dieses Buch könne das Original ersetzen. Meine Absicht ist es lediglich, die zeitlose Gültigkeit der außergewöhnlichen Erkenntnisse Meister Suns erneut unter Beweis zu stellen, indem ich sie auf das Wirtschaftsleben übertrage und so mit neuem Leben fülle.

Ich hoffe, dass diese Form geeignet ist, dem Leser die Weisheit dieses klassischen Textes zu Bewusstsein zu bringen und diesem Büchlein, das zu dem Bedeutendsten gehört, was jemals geschrieben wurde, zu neuem Unterhaltungswert zu verhelfen. Schließlich steht kaum zu erwarten, dass die Menschen in zweieinhalbtausend Jahren noch immer auf den Seiten des *Sakrilegs* dem Geheimnis des Da-Vinci-Codes auf die Spur zu kommen trachten, begierig die heutigen Wirtschaftsratgeber verschlingen, um der eigenen Karriere auf die Sprünge zu helfen, oder in Büchern selbst ernannter TV-Größen, die von Ghostwritern verfasst wurden, Lebensrat suchen werden. *Die Kunst des Krieges* aber werden sie vermutlich noch immer lesen.

兵法 Laut Meister Sun wird die Kriegskunst von fünf Faktoren bestimmt. Der erste ist das moralische Recht, also die Überzeugung, für die gute Sache zu kämpfen: *»Das moralische Recht bringt die Soldaten dazu, ihren Vorgesetzten bedingungslos zu folgen und dabei keine Gefahr zu scheuen.«*

In der Wirtschaft gründet das moralische Recht in der Unternehmens-philosophie und in den Unternehmenswerten. Es findet seinen Ausdruck in der Unternehmensmission und in der Unternehmenskultur.

Ein Beispiel für jemanden, der seine Überzeugungen und seine Lebens-philosophie meisterhaft in seine geschäftliche Tätigkeit einzubringen versteht und dem es auf diese Weise gelungen ist, ein wahres Imperium zu begründen, ist Richard Branson. Virgin ist wie Branson selbst: ein Revolutionär mit Schalk und einem unverwüstlichen Optimismus. Der – dem traditionellen Wirtschaftsbetrieb fremde – Spaßfaktor spielt bei jeder seiner Unternehmungen eine ganz entscheidende Rolle.

Bransons Philosophie sichert ihm ambitionierte und tatkräftige Mitstreiter, die sich seine Vision zu eigen machen und sie mit derselben Leidenschaft, Neugier und Begeisterung verfolgen wie er selbst.

Zahlreiche Virgin-Unternehmen gehören Branson gar nicht mehr beziehungsweise werden nicht mehr von ihm kontrolliert. Dennoch ist die Virgin-Marke so wertvoll und so stark, dass die Kultur auch dort überdauert, wo die ursprünglichen Unternehmen in größeren Strukturen aufgegangen sind. Der Virgin-typische Tatendrang und die ausgeprägte Lust, etwas auf die Beine zu stellen, sind es, die für potenzielle Käufer oder Teilhaber so anziehend wirken.

Mit Unternehmen assoziieren wir traditionell Nadelstreifenanzüge und eine emotionslose Fassade, aber in Virgin-Unternehmen suchen wir beides vergeblich. Virgin Mobile in Australien beispielsweise kennt keine öden Quartalsberichte und keine lang-

»Sei du selbst die Veränderung, die du dir wünschst für diese Welt.«
GANDHI

atmigen PowerPoint-Präsentationen. So wurden am Ende eines erfolgreichen Quartals, in dem neue Chancen entwickelt und kontrollierte Risiken eingegangen wurden, ausgewählte Führungskräfte und Manager eingeladen, ihren Eifer mit der einen oder anderen Mutprobe unter Beweis zu stellen. Die Gruppe musste sich einigen, wer beispielsweise am Trapez turnen, eine Vogelspinne in einem Käfig halten, mit Haien schwimmen, sich abseilen oder einen Kunstflug absolvieren wollte. Natürlich kam auch der

Praxistipp

Wenn Sie sich Gedanken über Ihr Unternehmen oder Ihr Team machen, nehmen Sie am besten ein Blatt Papier und unterteilen Sie es in zwei Spalten. In der ersten Spalte notieren Sie fünf Wörter oder Sätze, die die Philosophie oder die *moralische Rechtfertigung* Ihrer unternehmerischen Tätigkeit nach dem augenblicklichen Stand beschreiben. Rechts daneben notieren Sie fünf Wörter oder Sätze, die Ihre unternehmerische Tätigkeit beschreiben, wie Sie sie gern hätten. Gehen Sie Ihre Entscheidungen und Ihr Verhalten der letzten Zeit noch einmal durch, und prüfen Sie, mit welcher der beiden Listen die größere Übereinstimmung besteht.

geschäftliche Aspekt nicht zu kurz, aber über allem lag eine Atmosphäre der Leidenschaft und des Spaßes.

Richard Branson besitzt die unglaubliche Fähigkeit, geschäftstüchtige und kreative Menschen um sich zu scharen, die bereit sind, auf ein höheres Gehalt zu verzichten, um für ein Virgin-Unternehmen zu arbeiten und an der Virgin-Aura teilzuhaben.

Laut Unternehmenswebsite »gründet die Marke Virgin auf Richard Bransons Kernphilosophie: Solange die Mitarbeiter glücklich und zufrieden sind, sind es auch die Kunden, und solange die Kunden glücklich und zufrieden sind, sind es auch die Aktionäre.«

Branson verkörpert in vollendeter Weise die Führungspersönlichkeit, die das »*moralische Recht*« auf ihrer Seite weiß und ihre Mitarbeiter für ihre eigenen Ziele zu begeistern versteht.

兵法

Zweiter und dritter Faktor der Kriegskunst sind Himmel und Erde. Damit beschreibt Sunzi die Umweltbedingungen und die physische Beschaffenheit des Schlachtfelds. Deren Gefahren und Chancen müsse man sich rechtzeitig bewusst machen.

Auf die Wirtschaft übertragen bedeutet dies, dass wir unseren Markt kennen und mit den darin geltenden kulturellen und anderen Umfeldbedingungen vertraut sein sollten. Versäumnisse auf diesem Gebiet können unserem Image schaden und uns teuer zu stehen kommen.

Öffnen Sie einen beliebigen Küchenschrank in einem von Millionen westlicher Haushalte und Sie werden darin ein Produkt der Firma Kellogg's finden. Nach einem Boom in den Achtzigerjahren flaute das Wachstum etwas ab. Das Unternehmen begann daraufhin, sich auch außerhalb seiner traditionellen Märkte umzuschauen. Sein Blick fiel auf Indien mit einer Bevölkerung von nahezu einer Milliarde Menschen, von denen ein Viertel als potenzielle Kunden infrage zu kommen schienen. Es war die schöne neue Welt für Kellogg's – mit einem kleinen Haken: Inder beginnen ihren Tag in der Regel mit einem warmen Gemüseteller. Es wäre nicht damit getan, die Menschen von der Existenz der Kellogg's-Produkte in Kenntnis zu setzen; das Unternehmen müsste auch gleich noch ihre kulturellen Gewohnheiten verändern. Kellogg's kannte sich auf dem Terrain nicht aus. Das Unternehmen ließ sich von der Bevölkerungsgröße und dem vermeintlichen Potenzial blenden. In seinem Übereifer, die eigenen Produkte auf dem asiatischen Markt zu etablieren, übersah es, dass die anvisierten Kunden keine Cornflakes essen und dass sich nur zehn Prozent ein solches Frühstück leisten könnten, wenn sie es denn überhaupt wollten.

Auch der Babynahrungshersteller Gerber (der heute zum Nestlé-Konzern gehört) versäumte es, Marktstudien anzustellen, bevor er nach Afrika ging. Vermutlich um

»Die wahren Überzeugungen eines Menschen manifestieren sich nicht in seinem erklärten Glauben, sondern in seinen alltäglichen Verhaltensgewohnheiten.«
GEORGE BERNARD SHAW

Geld zu sparen, verwendeten sie dieselben Verpackungen wie für die westlichen Märkte: mit einem glücklich lächelnden Baby darauf. Aber Gerber kannte sich mit den Gepflogenheiten vor Ort nicht aus … In Afrika war es aufgrund des verbreiteten Analphabetismus übliche Praxis, den Inhalt in Text *und* Bild auf der Packung anzugeben. Kein Wunder, dass sich Gerber-Produkte schlecht verkauften!

Im Jahr 1988 gründeten General Electric und Plessey gemeinsam einen neuen Telekommunikationsriesen. Dazu suchten sie nach einem Markennamen, der an Technologie und Innovation denken ließ. Der Name, für den sie sich entschieden, tat jedoch weder das eine noch das andere. Das neue Unternehmen wurde GEC-Plessey Telecommunications oder kurz GPT getauft. Und dieser scheinbar unschuldige Name rief in Frankreich allergrößte Heiterkeit hervor, lässt sich die gesprochene Buchstabenfolge doch als »J'ai pété« oder »Ich habe gefurzt« verstehen.

Ein skandinavischer Staubsaugerhersteller beging einen Marketing-Faux-pas, indem er sein Produkt in den Vereinigten Staaten mit dem Slogan anpries: »Nothing sucks like an Electrolux« (»Nichts saugt wie ein Electrolux«, aber auch: »Nichts ist so grottenschlecht wie ein Electrolux«).

Es ist wichtig, dass Sie Ihren Markt kennen und sich in Ihre Kunden hineinversetzen können. Andernfalls kann es teuer und peinlich für Sie werden.

兵法 Meister Sun bezieht sich verschiedentlich auf die zentrale Rolle des Heerführers und bezeichnet Führung als den vierten Faktor der Kriegskunst. *»Führung bedeutet Weisheit, Aufrichtigkeit, Wohlwollen, Mut und Strenge.«* Es ist diese Kombination potenziell widersprüchlicher Eigenschaften, die den exzellenten Heerführer auszeichnet.

Ricardo Semler verkörpert all diese Eigenschaften auf besondere, wenngleich nicht stereotype Art und Weise. Semler ist der Chef von Semco, einem brasilianischen Unternehmen, das sich gegenwärtig auf Produktion, professionelle Dienstleistungen und Hightech-Software konzentriert. *Was* das Unternehmen macht, ist jedoch sekundär im Vergleich zum *Wie.* Da gibt es nichts, was an übliche Unternehmensstrukturen erinnert, keine Strategien und Verfahrensregeln, keine Planung, keine Manager, keine Personalabteilung, keine Unternehmenszentrale und keine Vorzimmer, und wer einen Kaffee trinken möchte, holt ihn sich selbst. Das Unternehmen hat nicht einmal einen festen Chef. Die Mitarbeiter beschließen selbst, wie viel Gehalt sie erhalten und mit wem sie zusammenarbeiten möchten, und sie planen nicht länger als sechs Monate voraus.

Als Ricardo Semler in das Familienunternehmen eintrat, prallten zwei Welten aufeinander. Sein Vater bewies eine gehörige Portion Mut, indem er dem Einundzwanzigjährigen seine Anteile übertrug und in Urlaub fuhr. Um 18 Uhr desselben Tages hatte Ricardo 60 Prozent der leitenden Mitarbeiter von Semco entlassen. Seither stellt Semco das traditionelle Geschäftsmodell auf den Kopf und entwickelte sich nicht nur zu einem bemerkenswerten Gesellschaftsexperiment, sondern auch zu einem außerordentlichen Erfolg.

Die Zahl der Mitarbeiter stieg von mehreren Hundert auf mittlerweile über 3000. Der instabilen brasilianischen Wirtschaft

»Führung ist eine Kombination aus Strategie und Charakter. Wenn Sie auf eines verzichten müssen, verzichten Sie auf die Strategie.«
GENERAL NORMAN SCHWARZKOPF

zum Trotz wuchs der Jahresumsatz zwischen 1994 und 2001 von 35 auf 160 Millionen US-Dollar. Wie ist das möglich?

Erstens hat Semler »30 Prozent mehr Vertrauen in die Natur des Menschen«. Er ist überzeugt davon, dass Mitarbeiter, die wie Erwachsene behandelt werden und denen die Chance gegeben wird, sich persönlich zu beweisen, sehr viel mehr leisten, als man von ihnen verlangen könnte. Was gefordert wird, ist Mut – mit der Folge, dass sich niemand verstecken kann. Wer seine Sache nicht gut macht, wird für die nächsten sechs Monate von keinem Team mehr angefordert.

Nehmen Sie sich ein Projekt vor, das keine Fortschritte erkennen lässt, und versuchen Sie es mit Semlers drei »Warums«. Bitten Sie den Verantwortlichen um eine Erklärung für die Verzögerung. Der Betreffende wird vermutlich, ohne groß nachzudenken, eine Standardantwort geben. Geben Sie sich damit nicht zufrieden, sondern verlangen Sie eine überlegtere Antwort. Machen Sie so lange weiter, bis Sie den Grund für die Verzögerung gefunden haben. Veranlassen Sie die Behebung des Problems oder legen Sie das Projekt auf Eis.

Daneben gibt es eine Kardinalregel, die das Fundament der Semco-Kultur bildet: »Frag nach dem Grund und frag stets dreimal.« Wie ein Kind, das ständig nach Antworten sucht, ist Semler davon überzeugt, dass Warum-Fragen den Denkprozess fördern und die simplen Standardantworten entlarven. Wenn eine Idee noch steht, nachdem Sie dreimal »Warum?« gefragt haben, können Sie fortfahren; sonst nicht.

Auch wenn Ricardo Semler eine Ausnahmeerscheinung ist, verkörpert er in exemplarischer Weise die von Sunzi definierten Gütezeichen eines guten Führungsstils.

兵法 Den fünften Faktor der Kriegskunst bildet die Disziplin – insbesondere in Bezug auf drei Bereiche:»*Einteilung des Heeres in Divisionen und Einheiten, Rangunterschiede unter den Offizieren und Kontrolle der militärischen Ausgaben*«. Sorgen Sie für Disziplin in der Organisation Ihrer Truppen, Ihren Befehlsketten und Ihrem Ausgabenverhalten.

Das Idealbild eines Unternehmers mag eher mit einem kreativen Laisserfaire als mit Disziplin verknüpft sein. Aber dennoch ist klar, dass Erfolg selten das Produkt eines glücklichen Zufalls, sondern vielmehr das Ergebnis einer konsequenten, disziplinierten Anstrengung ist.

Jack Welch, der als eine der größten Führungspersönlichkeiten des 20. Jahrhunderts gefeiert wird, steigerte den Börsenwert von General Electric während seiner 20-jährigen Amtszeit als Chairman und CEO um mehr als 400 Milliarden US-Dollar. Mit seinen innovativen Managementstrategien und seinem Führungsstil machte er sich Freunde und Feinde, aber zweifelsohne demonstrierte er jene Disziplin, auf die sich Meister Sun bezieht.

Anfang der Achtzigerjahre erhielt er den Spitznahmen »Neutronen-Jack«. Denn wie eine Neutronenbombe brachte er es fertig, Mitarbeiter zu eliminieren, ohne das Gebäude zu zerstören. Er implementierte ein umstrittenes Rangsystem, das die Mitarbeiter in drei Gruppen unterteilte, in 20 Prozent Top-, 70 Prozent Durchschnitts- und 10 Prozent Low-Performer. Diese »20-70-10-Regel« erwies sich als wirkungsvolle Methode des Performancemanagements. Die oberen 20 Prozent wurden gehätschelt und mit Boni und Aktienoptionen belohnt, den mittleren 70 Prozent wurde gesagt, was sie tun mussten, um in die Spitzengruppe aufzusteigen, und die unteren 10 Prozent durften das Unternehmen über kurz oder lang verlassen.

Welch ist der Meinung, dass Mitarbeiter wissen müssen, wo sie stehen, und dass es die grausamste

»Disziplin ist die Brücke zwischen Ziel und Verwirklichung.«
JIM ROHN

Form von Führung wäre, nicht nach der Performance zu differenzieren. Er ist fest davon überzeugt, dass Mitarbeiter genauso akribisch bewertet werden müssen wie die Unternehmensbilanzen.

Bevor Welch den Chefposten bei General Electric übernahm, wurden Aktienoptionen ausschließlich an Topmanager vergeben, aber er erweiterte den potenziellen Berechtigtenkreis auf fast ein Drittel aller Beschäftigten. Die Botschaft war unmissverständlich: Gib dein Bestes und uns allen geht es gut; andernfalls darfst du gehen.

Fragen Sie alle Ihre Manager: »Wenn wir morgen unseren größten Kunden verlören, wie würden Sie Ihre Ausgaben um 10 Prozent reduzieren, ohne Mitarbeiter zu entlassen?« Bitten Sie sie, Ihnen jeweils einen einseitigen Bericht zukommen zu lassen. Setzen Sie die besten Vorschläge um. Wiederholen Sie den Vorgang, aber fragen Sie diesmal, von welchen Mitarbeitern sie sich in einer Krise trennen würden. Wissen Ihre Manager, wer ihre Low-Performer sind? Wenn ja, wie gehen sie damit um?

Bewundert wurde Welch zudem für die Abschaffung der neunstufigen Managementhierarchie und für die Lockerung der Befehlsstruktur, die das Unternehmen zu ersticken drohte. Der Abbau von Bürokratie führte zu mehr Effizienz; und Kreativität und Ungezwungenheit brachten neues Leben in das Unternehmen. Welchs Kostenkontrolle kannte kein Pardon. Er verkleinerte die Lagerbestände, verkaufte unergiebige Geschäftsbereiche und reduzierte zwischen 1980 und 1985 die Belegschaft um 112 000 Mitarbeiter. Gewinn ist nicht allein eine Frage des Umsatzes; eine disziplinierte Kostenkontrolle und die Sicherung von Spitzenleistung sind mindestens ebenso wichtig.

Wie Sunzi sagt: »*Der vollendete Heerführer kultiviert das moralische Recht und hält sich strikt an die Regeln der Disziplin; so ist er in der Lage, über Sieg und Niederlage zu entscheiden.*«

兵法

»*Nutze jeden glücklichen Umstand, der sich dir bietet. Sei bereit, deinen Plan entsprechend zu ändern.*« Hier bezieht sich Sunzi ausdrücklich auf die Notwendigkeit, auf veränderte Situationen flexibel zu reagieren und unerwartete Chancen beim Schopf zu ergreifen.

Flexibilität ist in der Wirtschaft nicht weniger wichtig als im Krieg, und obwohl Planung unerlässlich ist, bleibt ein gewiefter Geschäftsmann stets offen für Chancen, die in der Planungsphase noch nicht absehbar waren. Wer verbissen an seinem Plan festhält und sich weigert, günstige Gelegenheiten zu nutzen, handelt töricht.

Tommy Hilfigers Schritt in den Neunzigerjahren weg von der kleinen Nischenmarke für »adrette« einkommensstarke US-Kunden hin zu einem globalen Urban-Fashion-Label entsprang mehr dem Zufall als der Planung. Aus unerfindlichen Gründen wurde das Hilfiger-Logo in der Hip-Hop-Gemeinde zu einem Hit und hielt Einzug in die Rap-Videos. Was immer man von Hilfigers Designerqualitäten halten mag, ein Gefühl für den Markt kann man ihm nicht absprechen. Er nutzte die Gelegenheit und begann, ganz bewusst Kleidung für diesen Markt zu entwerfen, indem er das Logo in den Vordergrund rückte und die Hosen noch stärker ausbeulte. Er erkannte, welchen Einfluss die Urban Black Fashion auf das Mainstream-Amerika ausübte, und verpflichtete junge Rap-Künstler, deren cooler Straßenlook anschließend von Heerscharen von Vorstadtkindern imitiert wurde. Im März 1994 trat Snoop Dogg in der Sendung *Saturday Night Live* in einem rot-weiß-blauen Hilfiger-Hemd auf, und Tommy galt fortan offiziell als cool.

Es wäre einfach gewesen, an der ursprünglichen Strategie festzuhalten und das Interesse der Hip-Hop-Gemeinde an seiner Marke als Randphänomen abzutun – schließlich handelte es sich um einen eher kleinen Markt. Aber Hilfiger erkannte den wachsenden Einfluss der Rap-Musik und die Folgen, die dies auf

»Der Zufall meint es gut mit dem, der sich vorzubereiten weiß.«
LOUIS PASTEUR

das Verbraucherverhalten haben würde.

Der für seine Kaugummis berühmte William Wrigley verstand es ebenfalls, gute Gelegenheiten zu erkennen. Der geborene Kaufmann träumte davon, sein eigenes Unternehmen zu gründen. Im Alter von 29 Jahren ging er mit 32 US-Dollar in der Tasche nach Chicago und begann seine unternehmerische Laufbahn mit dem Verkauf von Seife. Als einer der Ersten erkannte er die Macht des Kaufanreizes durch eine Beigabe. Um seine Produkte gegenüber denen der Wettbewerber hervorzuheben, schenkte er jedem Käufer eine Packung Backpulver. Das Backpulver erwies sich als erfolgreicher als die Seife, und so wechselte er in das Backpulvergeschäft. Wieder bewarb er sein Produkt mit einer Gratisbeigabe, diesmal zwei Päckchen Kaugummi. Und wieder war die Beigabe zugkräftiger als das Originalprodukt – und der Rest ist Geschichte.

Sowohl Hilfiger als auch Wrigley waren bereit, von ihrem ursprünglichen Plan abzuweichen, sobald sich eine vielversprechende Chance bot, und sie optimal zu nutzen. Ihre Flexibilität machte sie beide steinreich.

Erzählen Sie Ihren Mitarbeitern die Geschichte von Tommy Hilfiger und Wrigley als Beispiel dafür, wie sich Unternehmen verändern können, damit Chancen eine Chance erhalten. Bitten Sie Ihre Kundenbetreuer, die Kunden aktiv nach ihren Ideen und Vorschlägen zu fragen und diese zu dokumentieren und weiterzuleiten. Aus dem, was Ihre Kunden Ihnen erzählen, können Sie einen geldwerten Vorteil ziehen, wenn Sie bereit sind, diese Vorschläge auch wirklich umzusetzen. Belohnen Sie Ihre Mitarbeiter und die Kunden für jede Idee, die sich als nützlich erweist.

6 Manipulieren Sie Ihr Publikum

兵法

Sunzi behauptet: »*Alle Kriegskunst ist List und Täuschung.*« Was er damit meint, ist, dass die Rolle des Heerführers darin besteht, den Feind zum eigenen Vorteil zu manipulieren und zu beeinflussen: »*Bist du stark, so stelle dich schwach.*« Das, was man zu sehen meint, ist mächtiger als alle Tatsachen.

Die Manipulation der Wahrnehmung mag auf dem Schlachtfeld nützlich sein, in der Wirtschaft ist sie unverzichtbar. Große Unternehmen geben Millionen aus, um auf die öffentliche Wahrnehmung ihrer Marke Einfluss zu nehmen. Und kleine Unternehmen sollten so viel wie möglich ausgeben, um sich den Anschein von Professionalität und Beständigkeit zu geben. Einer der größten Fehler, die kleine Unternehmen machen können, ist, Marketinginstrumente zu produzieren, die eher wie die Arbeit eines Neunjährigen als wie das professionelle Aushängeschild eines florierenden Unternehmens aussehen.

Edward L. Bernays beherrschte die Kunst der Public Relations, noch bevor es dafür einen Namen gab. Er entwickelte diese Kunst im Rahmen seiner Propagandatätigkeit während des Ersten Weltkriegs. Anschließend, im Jahr 1919, gründete er die erste PR-Agentur Amerikas und beriet seine Klienten dem Vernehmen nach noch über seinen 100. Geburtstag hinaus.

Bernays erhielt von der American Tobacco Company den Auftrag für eine Werbekampagne, um mehr Frauen zum Rauchen zu animieren, was ihm auch mit großem Erfolg gelang. Seine Botschaft lautete: »Greifen Sie nach einer Lucky Strike statt nach einer Süßigkeit« – mit dem Subtext, dass Rauchen schlank macht. Der Lucky-Umsatz verdreifachte sich in zwölf Monaten. Die eigentliche Schwierigkeit aber war, dass Rauchen für Frauen noch immer als Tabu galt. Bernays nahm die Herausforderung an und erklärte

»Wir nehmen einfach an, dass die Art, in der wir die Dinge sehen, auch die Art ist, wie sie sind oder wie sie sein sollten. Und unsere Einstellungen und unser Verhalten erwachsen aus diesen Annahmen.«
Stephen Covey

Rauchen zu einer Emanzipationsfrage. Er organisierte eine Demo entlang der Fifth Avenue, auf der Frauen ihre »Fackeln der Freiheit« zur Schau stellten. Die öffentliche Meinung wandelte sich, sehr zur Zufriedenheit der American Tobacco Company.

Heute würde Bernays damit natürlich nicht mehr durchkommen – unverschämte Lügen sind in der Werbung nicht länger erlaubt (auch wenn sie, wie wir in Idee 35 sehen werden, noch immer vorkommen). Übrigens wurde das Rauchen damals noch nicht als schädlich betrachtet. Hätte Bernays die Gefahren des Rauchens gekannt, hätte er sein Publikum hoffentlich nicht mit so viel Bravour manipuliert.

Meister Sun rät uns, auf die Psyche des Gegners einzuwirken, um den eigenen Vorteil zu sichern. In der Wirtschaft müssen Sie die Kunden um jeden Preis dazu bringen, Ihnen Glauben zu schenken. Alles, was Sie tun und sagen, von Ihrer Reaktion am Telefon bis zur Gestaltung Ihrer Website, vermittelt ein Bild von Ihren Fähigkeiten. Dieses Bild müssen Sie bei Bedarf so retouchieren, dass Sie genügend Kundenaufträge bekommen. Dabei dürfen Sie das Vertrauen Ihrer Kunden auch nicht enttäuschen, weil die Manipulation Ihnen sonst nichts einbringt. Das richtige Markenimage ist der unverzichtbare erste Schritt auf dem Weg zum wirtschaftlichen Erfolg. Und wenn das nicht ohne List und Täuschung möglich ist, dann sei's drum.

兵法

Sunzi spricht immer wieder von Ködern, mit denen es den Feind an der Nase herumzuführen gilt. Er sagt:*»Lege Köder aus, um den Feind in die Irre zu führen. Täusche Unordnung vor, um ihn zu schlagen.«* Diese Idee hängt unmittelbar mit dem Thema List und Täuschung zusammen und bildet einen wichtigen Bestandteil der *Kunst des Krieges*.

In einem wirtschaftlichen Wettbewerbsumfeld herrscht ein permanenter Kampf um Marktanteile und Markendominanz. Und gelegentlich leisten sich auch große Unternehmen spektakuläre Fehler. Die Rivalität zwischen Pepsi-Cola und Coca-Cola besteht seit unerdenklichen Zeiten. Pepsi, die ewige Nummer zwei, brachte ordentlich Bewegung in den Markt mit der Einführung von »Pepsi Challenge« – einem Blindtest, um festzustellen, ob die Kunden die beiden Marken auseinanderhalten können. Zum großen Ärger der Coca-Cola-Obersten bevorzugten die meisten Teilnehmer die süßere Pepsi-Cola. Der Köder war ausgelegt.

In den Achtzigerjahren setzte der Herausforderer seinen Angriff fort, indem er die »Pepsi-Challenge«-Kampagne nicht nur auf den globalen Markt ausdehnte, sondern die eigene Position mittels Celebrity-Werbung festigte, die besonders auf die junge Kundschaft zielte. Coca-Cola verlor nicht nur gegenüber Pepsi, sondern auch gegenüber anderen Getränkemarken an Boden.

Das Problem für Coca-Cola war der Geschmack – »Pepsi Challenge« unterstrich dies immer wieder aufs Neue. Bei Coke unternahm man daraufhin den einzig logischen Schritt: Man begann, an der Rezeptur herumzudoktern.

Pepsi war es damit gelungen, Coca-Cola in einen Wettkampf zu locken, der nicht zu gewinnen war. Coca-Cola arbeitete an einer neuen Rezeptur und brachte am 23. April 1985 »New Coke« heraus. Wenige Tage später wurde die Produktion der

»Repariere nicht, was nicht kaputt ist.«

EIN WEISER RATSCHLAG, DER HÄUFIG MISSACHTET WIRD

originalen Coca-Cola eingestellt. Diese Entscheidung gilt
seither als der größte Mar-
ketingfehler aller Zeiten. Die
Kunden zeigten sich empört
und boykottierten New Coke.
Noch früher als Coca-Cola erkannte Pepsi die Monstrosität
des Fehlers und nutzte die Situation aus. In einem Fernseh-
spot sitzt ein völlig verstörter
alter Mann auf einer Parkbank
und starrt auf seine Coladose:
»Sie haben meine Coke verändert; ich fasse es nicht!«

Kennen Sie das Alleinstellungsmerkmal
Ihres wichtigsten Produkts? Um nicht
denselben Fehler wie Coca-Cola zu
machen, müssen Sie wissen, was Sie auszeichnet und warum Ihr Produkt gekauft
wird. Stellen Sie fest, wer gemessen an
Umsatz und Treue Ihre zehn Topkunden
sind. Rufen Sie sie an, und fragen Sie
sie, weshalb sie Ihnen so treu sind. Er-
kundigen Sie sich danach, was passieren
müsste, um diese Treue zu erschüttern.
Ziehen Sie aus den Antworten die nöti-
gen Konsequenzen.

Coca-Cola unterschätzte die Macht der eigenen Marke. Wie sich he-
rausstellte, verfügte Coke über leidenschaftliche und treue Fans, die sich
nicht darum scherten, ob Pepsi besser schmeckte – ein Wechsel war für sie
völlig ausgeschlossen. Am 11. Juli 1985 verkündete Coca-Cola-Chef Roberto Goizueta auf einer Pressekonferenz: »Wir haben euch verstanden!«
New Coke wurde gestrichen. Die Rückkehr zur ursprünglichen Rezeptur
war ABC News und anderen US-Sendern sogar eine Meldung wert – und
sie wurde seither nie mehr infrage gestellt.

Coca-Cola wurde in einen Kampf gelockt, den das Unternehmen niemals hätte zu führen brauchen. Coca-Cola war und ist die Nummer eins.

兵法

Laut Meister Sun gilt: »*Wer vor dem Kampf viele Situationen in Gedanken durchspielt, hat gute Siegeschancen. Wer nur wenige Situationen durchspielt, hat schlechte Sieges-chancen. Wer gedankenlos handelt, muss verlieren. Daran kann ich im Voraus erken-nen, wer siegen und wer verlieren wird.*«

Wenn Sunzi einen Blick in den Planungsstab von Hoover kurz vor dem Start der neuen Werbekampagne »Free Flights« hätte werfen können, hätte er den Managern sicherlich empfohlen, nichts zu überstürzen und sich die Zahlen etwas genauer anzusehen. Doch der Wunsch, alte Lagerbestände aufzulösen, war so stark, dass die Kalkulationen einfach missachtet wur-den. Dies führte dann zu ernsthaften Problemen.

Es gibt nur wenige Marken, die ihren Markt so fest im Griff haben, dass der Name der Marke zum Synonym für die Aktivität wird, für die das Produkt verwendet wird. Im englischen Sprachraum, insbesondere im British English, ist es verbreitete Praxis, die Tätigkeit des Staubsaugens als »Hoovering« zu bezeichnen.

Dennoch startete dieses so erfolgreiche Unternehmen eine Werbekam-pagne, die jedem Käufer von Hoover-Produkten im Wert von 100 briti-schen Pfund einen innereuropäischen Flug für zwei Personen versprach. Wenn man bedenkt, dass dies noch vor der Zeit der Billigflieger war, die uns zum Preis eines Gourmetsandwichs und einer Tasse Kaffee über die Wolken bringen, waren umgerechnet 140 Euro für zwei Flüge aufs europä-ische Festland äußerst attraktiv. Natürlich war die Reaktion über-wältigend. Angestachelt von der ersten Begeisterung und unbeeindruckt von möglichen Folgen, verschärfte das Unternehmen die Lage, indem es das Angebot nun auch auf die USA ausdehnte. Zwei Gratisflüge aufs europäische Festland und zurück waren attrak-tiv; zwei Gratisflüge in die USA und zurück waren unwiderstehlich – die Aktion schlug

»Vernachlässige niemals die Details. Wenn alle mit den Gedanken anderswo sind, muss der Anführer doppelt wachsam sein.«
Colin Powell

ein wie eine Bombe. Es ist nicht klar, ob Hoover vor dem Start dieser Kampagne entsprechende Kalkulationen anstellte; man kann nur vermuten, dass die Bereitschaft, von diesem Angebot Gebrauch zu machen, stark unterschätzt wurde und zu völlig falschen Prognosen führte.

Machen Sie es in Ihrem Unternehmen zur gängigen Praxis, vor dem Start einer neuen Kampagne sämtliche Vermarktungsgrundsätze auf den Prüfstand zu stellen – besonders wenn Dritte involviert sind. Kalkulieren Sie sowohl den Erfolgsfall als auch den Fall des Scheiterns durch. Viele Unternehmen konzentrieren sich so sehr auf den Break-even oder auf ein mögliches Scheitern, dass ein überwältigender Erfolg sie völlig unvorbereitet trifft. Hohe Antwortquoten können sich aber ebenso verheerend auswirken wie allzu verhaltene Reaktionen.

Die Werbekampagne mündete in einer von verärgerten Kunden angestrengten gerichtlichen Auseinandersetzung, die sich vier Jahre hinzog. Die ganze Episode kostete Hoover am Ende 50 Millionen britische Pfund und gilt weithin als eine der schlimmsten unternehmerischen Fehlentscheidungen. Zu allem Überfluss verfügte Hoover nicht über die erforderliche Infrastruktur, um die aus der Werbekampagne resultierende Nachfrage nach seinen Geräten zu befriedigen. Der für die Kampagne verantwortliche britische Unternehmensbereich überlebte das Abenteuer nicht; er wurde an den italienischen Hersteller Candy verkauft.

Planung ist nicht unbedingt eine besonders prickelnde Tätigkeit, aber eine verpatzte Planung bringt Sie um den Gewinn. Bevor Sie eine Strategie umsetzen, müssen Sie den Worst Case (und den Idealfall) durchspielen, um sicherzustellen, dass Sie über die erforderlichen finanziellen und infrastrukturellen Mittel verfügen.

Nur ein schmaler Grat liegt zwischen der Ankurbelung des Geschäfts durch kontrollierte Risiken einerseits und großen Verlusten durch den fahrlässigen Umgang mit Risiken andererseits. Der weise General gewinnt, indem er vor der Schlacht alle erforderlichen Kalkulationen anstellt.

兵法

Meister Sun warnt uns vor den materiellen und immateriellen Kosten eines langen Feldzugs. Er empfiehlt Tempo: *»Eine überstürzte Kriegsführung ist manchmal von Nachteil, aber noch nie hat ein lang andauernder Krieg einem Staat genützt.«* Rasches Handeln schont die Ressourcen und schützt vor Zermürbung.

Das gilt nicht minder für die Wirtschaft. Die Einzigen, die von einem Aufschub profitieren, sind die Anwälte!

Im Jahr 1982 versetzte ein Psychopath Tylenol-Kapseln mit Zyanid. In Anbetracht der Tatsache, dass es sich bei Tylenol um eines der meistverkauften Medikamente gegen Kopfschmerzen in den USA handelt, waren die Folgen verheerend – mehrere Menschen starben. Johnson & Johnson zog daraufhin das Produkt aus den amerikanischen Ladenregalen komplett zurück. Die Rücknahme von 31 Millionen Flaschen kostete das Unternehmen 100 Millionen US-Dollar und sein Marktanteil fiel auf sieben Prozent. Obwohl das Unternehmen die Krise nicht selbst verursacht hatte, übernahm es die Verantwortung. Es reagierte schnell und unmissverständlich und kooperierte sofort und rückhaltlos mit Polizei und Medien.

Johnson & Johnsons irisch-amerikanischer CEO Jim Burke erschien persönlich im Fernsehen, um die Menschen über den aktuellen Stand zu informieren. Die Zuschauer machten mit einem ehrlichen und aufrichtigen Manager Bekanntschaft, der das im ersten Kapitel beschriebene *moralische Recht* ganz auf seiner Seite wusste. Dem raschen Handeln und dem ethischen Verhalten war es zu verdanken, dass sich der Umsatz von Johnson & Johnson bald wieder erholte und das Vertrauen in die Marke wuchs.

Vier Jahre später bewahrte der deutsche Babynahrungshersteller Gerber Stillschweigen, als in einzelnen Produkten Glasscherben gefunden wurden. Zwei Jahre zuvor hatte es bereits einen ähnlichen Vorfall gegeben und damals hatte Gerber eine Million Gläser des betrof-

»Reagiere
sofort und
reagiere richtig.«
GREG NORMAN

fenen Produkts zurückgerufen. Diesmal aber verzichtete das Unternehmen auf eine öffentliche Stellungnahme und auf eine Rückrufaktion. Vielleicht scheute es die Kosten und hielt das Risiko für kalkulierbar. Die Medien bissen sich jedoch an der Sache fest. Nahrungsmittelskandale sind niemals gut, aber besonders alarmierend, wenn Säuglinge betroffen sind. Über 200 dokumentierte Vorfälle reichten nicht aus, um Gerber zu einer Reaktion zu bewegen. Die einzige Reaktion bestand darin, dass Gerber den amerikanischen Bundesstaat Maryland verklagte, weil dieser den Verkauf bestimmter Gerber-Produkte untersagt hatte.

Anders als Johnson & Johnson verstand Gerber nicht, dass Marken auf Vertrauen basieren und dass es für den Kunden unerheblich war, wer die Vergiftung zu verantworten hatte. Entscheidend war, dass Gerber keine aktiven Maßnahmen ergriff, sondern vielmehr den Kopf in den Sand steckte.

Es gibt Augenblicke, in denen einem Unternehmen nur schnelles Handeln weiterhilft und jeder Aufschub schädlich ist. Lange Feldzüge schwächen lediglich die eigene Position gegenüber der Konkurrenz. Betrachten Sie die Lage mit den Augen Ihrer Kunden und handeln Sie entsprechend – und handeln Sie rasch! Wie es bei Sunzi heißt: »*In der Kriegsführung zählt der rasche Sieg, nicht der zähe, lange Kampf.*«

兵法

Meister Sun spricht davon, wie wichtig es ist, die im Kampf erbeuteten Ressourcen in Form von Soldaten und Ausrüstung in die eigenen Kräfte zu integrieren: »*Ersetze die feindlichen Flaggen durch deine eigenen und setze die Wagen gemeinsam mit deinen eigenen ein. Behandle die gefangenen Soldaten gut.*«

Integration ist auch in der Wirtschaft ein Thema, wenn Teams erweitert werden oder Unternehmen durch Fusion beziehungsweise Übernahme zusammenwachsen. Häufig wird dabei überstürzt gehandelt, wenn es eine Position zu besetzen oder ein Geschäft abzuschließen gilt.

Als im Jahr 1997 Stephen Coveys »Covey Leadership Center« mit dem Time-Management-Marktführer Franklin Quest zu FranklinCovey fusionierte, machte das neue Unternehmen einige schwerwiegende Integrationsfehler, die man ihm in Anbetracht seiner Spezialisierung auf Mitarbeiterschulung und Karriereberatung nicht unbedingt zugetraut hätte. Die Geschäftsbereiche behielten ihre getrennten Führungsetagen, und die Mitarbeiter taten im Prinzip nichts anderes als zuvor, nun allerdings geprägt vom Konkurrenzgedanken »Wir gegen sie«. Der Mangel am Integration und Assimilation zwischen den Unternehmensteilen führte dazu, dass die Fixkosten sogar noch anstiegen.

Maurice und Charles Saatchi eroberten mit ihrer bald berühmten Werbeagentur die Branche im Sturm. Samthandschuhe waren jedoch von Anfang an nicht ihre Sache, und so weigerten sie sich auch, der British Advertising Association beizutreten, die für eine »ethische« Werbung eintrat, und begannen, Kunden offen abzuwerben. Saatchi & Saatchi, die in einem kleinen Büro in Soho mit gerade

»Es gibt drei Arten, mit Unterschieden oder Konflikten umzugehen: Dominanz, Kompromiss und Integration. Bei der Dominanz bekommt nur eine Seite, was sie will; beim Kompromiss bekommt keine Seite, was sie will; bei der Integration finden wir eine Möglichkeit, wie beide Seiten bekommen, was sie sich wünschen.«
MARY PARKER FOLLETT

einmal neun Mitarbeitern ge-
startet waren, heimsten einen
Preis nach dem anderen ein.
Ihr Bestreben, die Nummer
eins zu werden, gewann alsbald
die Oberhand über das Kreati-
vitäts- und Innovationsprinzip,
und sie begannen, im großen
Stil Unternehmen aufzukaufen.

Wenn Sie einen neuen Mitarbeiter einstellen, können Sie ihm einen Paten zur Seite stellen. Wer immer die Idee hatte, jemanden einzustellen, sollte die Aufgabe erhalten, den Betreffenden in das Unternehmen zu integrieren. Wenn Abteilungen verschmelzen, sollten mehrere Personen die Integrationsaufgabe übernehmen, um sicherzustellen, dass Synergien genutzt und Barrieren abgebaut werden.

Nach zehn Jahren, in denen sie nicht weniger als 37 Unternehmen schluckten, waren sie die größte Werbeagentur der Welt. Mit einem Jahresumsatz von 7,5 Milliarden US-Dollar und 500 Büros in 65 Ländern hatten sich Saatchi & Saatchi eine wahrlich globale Präsenz geschaffen. Aber was danach geschehen sollte, darüber hatte sich offenbar niemand so recht Gedanken gemacht. Die Mitarbeiter der aufgekauften Unternehmen kamen mit den Schwesterunternehmen kaum in Berührung, und es wurde auch nicht versucht, in den einzelnen Unternehmensteilen eine einheitliche Saatchi-Kultur einzuführen. Die Übernahmen brachten Interessenkonflikte mit sich, mit der Folge, dass Colgate-Palmolive absprang. Die Übernahmen selbst waren offenbar spannender, als im Detail auszuarbeiten, wie die neuen Unternehmensteile in wechselseitig befruchtender Weise zusammenarbeiten konnten. Der mit der Vertragsunterzeichnung eingeschlagene Weg wurde nicht zu Ende gegangen.

Sunzi spricht davon, dass man durch die Übernahme des Feindes stärker werde. Aber ohne die richtige Integration in das Gesamtunternehmen werden die neuen Unternehmensbereiche, Mitarbeiter und Abteilungen schnell zu einer Belastung.

兵法 Meister Sun legt Wert darauf, seine Leser über die Kosten der Kriegsführung aufzuklären. *»In hundert Schlachten hundert Siege zu erringen, ist nicht der Weisheit letzter Schluss. Besser ist es, den feindlichen Widerstand ohne Kampf zu brechen.«* Auf einen Sieg kommt es deshalb nur an, wenn der Kampf unvermeidlich ist. Unnötige Kriege zu führen, ist töricht.

Helen Steel und Dave Morris verteilten regelmäßig London-Greenpeace-Flugblätter vor einer Londoner McDonald's-Filiale mit der Überschrift »Was ist falsch an McDonald's«. 1990, vier Jahre nach Beginn der Flugblattaktion, reichte McDonald's Klage gegen Steel, Morris und drei weitere Aktivisten ein. Während die anderen nachgaben und sich entschuldigten, sahen Steel und Morris darin eine Gelegenheit, ihre Ansichten über ihr Wohnviertel hinaus bekannt zu machen, und ließen sich auf die Auseinandersetzung ein.

Der »McLibel-Fall« (nach engl. *to libel*, verleumden) entwickelte sich mit 313 Verhandlungstagen und einer Dauer von sieben Jahren zum längsten Gerichtsverfahren der englischen Geschichte. 180 Zeugen wurden gehört, und McDonald's sah sich den unterschiedlichsten Vorwürfen ausgesetzt, von der Vergiftung von Lebensmitteln über die unzureichende Bezahlung und schlechte Behandlung von Mitarbeitern bis zu falschen Recyclingangaben. Die Fast-Food-Kette wurde sogar der Unterwanderung der London-Greenpeace-Organisation verdächtigt.

In Anbetracht dessen, dass das beanstandete Flugblatt aus einer eindeutig vegetarischen Perspektive nach dem Motto »Fleisch ist Mord« verfasst war, kann man sich fragen, wie viele McDonald's-Besucher sich darum geschert hätten, nachdem sie kurz zuvor ihren Big Mac verschlungen hatten. Für die Aktivisten war es eine große Sache, doch de facto handelte es sich um eine Minderheitenmeinung, die einen

»Kämpfen Sie nur in Schlachten, die so groß sind, dass sie etwas bedeuten, aber zugleich klein genug, um sie gewinnen zu können.«
JONATHAN KOZOL

Frontalangriff des Marktgiganten kaum rechtfertigte.

Was für McDonald's anfangs nicht mehr als ein Haar in der Suppe zu sein schien, entwickelte sich zu einem Kampf von David gegen Goliath. McDonald's setzte sich als brutale Übermacht in Szene. Ein Unternehmen mit täglich 40 Millionen Kunden in Tausenden Restaurants in aller Welt legte sich mit zwei kleinen Vegetariern aus London an. Das Originalflugblatt wurde so auf die Titelseiten der Zeitungen katapultiert und mutierte vom unbedeutenden Pamphlet zum gesuchten Sammlerkultobjekt mit mehr als drei Millionen Exemplaren in ganz Großbritannien. Das Internet entfaltete seine tödliche Kraft im Verbreiten von Informationen auf unzähligen Websites, die es erlaubten, den rechtlich immer komplexeren Fall hautnah mitzuverfolgen. Bücher und TV-Dokumentationen taten ein Übriges, um Salz in die Wunden von McDonald's zu streuen.

Im Juni 1997 trug McDonald's einen, wenngleich fahlen, Sieg davon, als Steel und Morris dazu verurteilt wurden, einen Schaden von 60 000 britischen Pfund zu ersetzen. Dieser Fall, der McDonald's teuer zu stehen kam, zeigt, wie wichtig es ist, bei der Wahl der Schlachten vorsichtig zu sein. Er beweist zugleich die Macht des Internets. Eine Insiderstory über das Fehlverhalten eines Unternehmens kann sich in null Komma nichts in einen elektronischen Kettenbrief verwandeln.

Praxistipp

Beim nächsten Meeting sollten Sie sich das Stichwort »McLibel« auf einem Post-it vermerken, den Sie sich auf Ihre Mappe heften. Als Manager müssen Sie Ihre wahren Ziele kennen und sich nur auf Schlachten einlassen, die Sie diesen Zielen näherbringen. Ein obsessives Kontrollbedürfnis kann Ihr Urteilsvermögen und Ihre Kreativität beeinträchtigen. Lassen Sie Ihren Mitarbeitern Raum, um kreativ zu sein; das wird ihren Wert für das Unternehmen steigern. Überlegen Sie genau, auf welche Auseinandersetzungen Sie sich einlassen, und quittieren Sie den Rest mit Langmut.

兵法

Sunzi warnt uns davor, dass Gefühle unsere Führungsfähigkeiten beeinträchtigen können: »*Der Heerführer, der sein Temperament nicht zu zügeln weiß, wird seine Männer wie Ameisen gegen den Feind schicken.*« Wer seine Leute nicht aufgrund einer soliden Strategie, sondern nach Bauchgefühl oder nach Maßgabe seines individuellen Geltungsbedürfnisses in die Schlacht schickt, hat als Führungspersönlichkeit versagt.

Gefühle sind menschlich. Die Wirtschaft wird von Menschen getragen; Gefühle lassen sich folglich nicht verbannen. Und wie wir in Idee 43 sehen werden, sind Gefühle eine wesentliche Voraussetzung für wirtschaftlichen Erfolg. Der Grat zwischen emotionaler Kompetenz und emotionaler Einfalt ist jedoch sehr schmal.

Wang Computers war in den Siebzigerjahren ein sehr erfolgreicher Hersteller von Computern für Textverarbeitung. Nach seiner Promotion an der Harvard University hatte An Wang ein Zweimilliardenunternehmen aufgebaut und mehrere Patente erworben. Eines davon lautete auf ein Produkt, das er später nach schwierigen und zähen Verhandlungen an IBM veräußerte. Die Folge war, dass er IBM fortan nicht mehr ausstehen konnte.

Wang war Erfinder und kein Geschäftsmann. Er entwickelte mehrere innovative Produkte, traf aber auch mehrere Fehlentscheidungen. Als sein Sohn Fred ihn auf die Bedrohung aufmerksam machte, die IBMs PC für ihre Computer darstellte, entgegnete er: »Der PC ist das Dümmste, wovon ich je gehört habe.« Als er schließlich selbst ein Alternativprodukt entwickelte, war es zu spät, um ein eigenes, nicht IBM-kompatibles System auf dem Markt zu etablieren. Sein Hass auf IBM, das Unternehmen,

»Natürlich steigt gelegentlich Zorn in mir hoch, aber wenn ich meinen Gefühlen die Oberhand überließe, könnte ich nicht mehr klar denken und vernünftige Entscheidungen treffen, gerade wenn es am meisten darauf ankommt.«

LONNIE EARL JOHNSON

Wenn Sie bemerken, dass bei Ihnen oder einem Mitarbeiter die emotionalen Wogen hochsteigen, sollten Sie sich auf die Fakten besinnen. Häufig mischen sich Gefühle in einen Entscheidungsfindungsprozess, wenn eine unzureichende Kenntnis der Faktenlage zu Vorurteilen geführt hat. Treten Sie einen Schritt zurück, und überlegen Sie genau, was Sie mit Sicherheit wissen und was Sie lediglich vermuten. Setzen Sie die Diskussion erst fort, wenn alle offenen Fragen geklärt sind.

von dem er sich in der Vergangenheit über den Tisch gezogen fühlte, machte ihn blind für das Marktgeschehen. Er ließ sich von Emotionen und Obsessionen leiten und verlor.

Als der Computerhersteller Compaq die Eröffnung von 100 Franchisegeschäften in ganz Australien bekannt gab, mit denen er dem Direktverkäufer Dell Paroli bieten wollte, geriet Gerry Harvey außer sich. Dessen Harvey-Norman-Läden, die damals in ganz Australien jedes Jahr Compaq-Produkte im Wert von 97 Millionen US-Dollar verkauften, erhielten damit eine unmittelbare Konkurrenz. Zwar versuchte ihn das US-Unternehmen zu beruhigen und bot ihm diverse Kompensationsleistungen an, aber Harvey Norman winkte ab und kündigte den Vertrag. Weil der Computerumsatz insgesamt zurückging, lässt sich schwer sagen, wie viel davon auf das Konto dieser Entscheidung ging. Harvey Norman ist jedoch ein bedeutender australischer Einzelhändler, und Gerry Harvey hielt es offenbar für wichtig genug, hier ein Exempel zu statuieren, um andere Lieferanten von einem ähnlichen Schritt abzuhalten. Die Kosten nahm er bereitwillig in Kauf.

Meister Sun gibt zu bedenken, dass Emotionen allein ein unzureichendes Entscheidungskriterium sind und dass sie stets faktengestützt sein müssen, um sicherzustellen, dass nicht egoistische Geltungsbedürfnisse oder andere negative Gefühle die Entscheidungsgrundlage darstellen.

兵法 Sunzi ist überzeugt davon, dass die Größe der Streitmächte maßgeblich darüber bestimmt, welche Seite siegt: *»Zwar kann auch der Schwächere kämpfen, aber am Ende wird der Stärkere siegen.«* Wenngleich es nicht dem Hollywood-Ideal entspricht, unterliegt der Zwerg dem Riesen zumeist.

In Kriegsangelegenheiten liegt die Macht der Zahlen auf der Hand. In der Wirtschaft bringt Größe ebenfalls Vorteile in Bezug auf Ressourcen und Durchhaltevermögen. Die Geschichte der Unternehmen ist gesäumt von den Leichen der Davids, die es gegen die Goliaths nicht geschafft haben. Aber zum Glück gibt es genug Unternehmer, die beherzt zur Steinschleuder greifen …

Da ist beispielsweise die Geschichte von Häagen-Dazs. Reuben Mattus' Mutter, eine verwitwete polnische Immigrantin, verkaufte in der Bronx von einem Pferdewagen aus hausgemachtes Fruchteis. Als 19-Jähriger trat Reuben in die Fußstapfen seiner Mutter und gründete im Jahr 1932 Senator Frozen Products. Seine Eiswaren wurden in Drogerie- und Lebensmittelgeschäften vertrieben. Kurze Zeit später sprossen überall in den Vereinigten Staaten Supermärkte aus dem Boden, deren bessere Tiefkühlmöglichkeiten auf einmal die Chance boten, Eisprodukte das ganze Jahr über zu verkaufen. Mattus' beliebtestes Produkt war eine Eissorte namens Ciro's. Doch nicht nur Mattus hatte erkannt, dass Eis nicht länger ein saisongebundenes Produkt war, und so drängten nunmehr auch die großen Molkereien in den Markt. Mit ihren umfassenden Vertriebsnetzwerken, ihren größeren Produktionskapazitäten und ihrer Verhandlungsmacht verdrängten sie Ciro's alsbald vom Markt. Größe schien sich auszuzahlen.

Zur Freude der Eisfans in aller Welt war Mattus ein beharrlicher Mensch, der es sich in den Kopf gesetzt hatte, Eis von

»Geben Sie Ihren Produkten ein Profil, bieten Sie guten Service, und versuchen Sie gar nicht erst, Wal-Mart im Preis zu unterbieten.«
MICHAEL BERGDAHL

überragender Qualität herzustellen. Er richtete nun seine ganze Aufmerksamkeit darauf, ein Luxuseis nur aus frischer Sahne, echten Früchten und natürlichen Zutaten zu kreieren. Einer genialen Eingebung folgend gab er seinem Produkt einen skandinavisch klingenden Namen – Häagen-Dazs war geboren.

Die Vorstellung, dass die Großen die Kleinen besiegen,

Praxistipp

Überlegen Sie zu jedem Ihrer wichtigsten Produkte, wer Ihr größter Rivale ist. Notieren Sie Ihre eigenen Vorzüge und die Vorzüge Ihres Rivalen. Berücksichtigen Sie insbesondere den technologischen Aspekt und die Lieferfristen. Wenn das die neuen Wirtschaftswaffen sind, müssen Sie eine Vorstellung davon entwickeln, wie sie sich auf Ihre Geschäftstätigkeit auswirken, und sich vor Ihrem Rivalen in Position bringen – unabhängig von seiner Größe.

bewahrheitet sich dennoch häufig genug; die größeren Unternehmen verfügen einfach über mehr Geld und Ressourcen, um einen Verdrängungskampf durchzustehen. Seit es das Internet gibt, haben sich die Kräfteverhältnisse in der Wirtschaft jedoch verändert. Heute ist es möglich, auch große Unternehmen anzugreifen und aus einem solchen Kampf als Sieger hervorzugehen. Angesichts neuer Technologien, die bestehende globale Märkte auf den Kopf stellen, hat in der Wirtschaft von heute nur Erfolg, wer schnell genug ist und sich dieser Technologien zu bedienen weiß.

Wie Rupert Murdoch – ein Mann, der sich in der Wirtschaft einigermaßen auskennen sollte – sagt: »Die Welt verändert sich rasant. In Zukunft siegen nicht mehr die Großen über die Kleinen, sondern die Schnellen über die Langsamen.«

兵法

Meister Sun zufolge kann ein Heerführer Unglück über seine Armee bringen, »*indem er ihr den Befehl zum Angriff oder zum Rückzug gibt, ohne zu wissen, dass sie den Befehl nicht befolgen kann*«. Fehler entstehen, wenn Anordnungen vom grünen Tisch aus gegeben werden, ohne Rücksicht auf die wahre Gefechtssituation.

Im Wirtschaftskontext kann sich dies auf Vorstandsmitglieder und andere hochrangige Führungskräfte beziehen, die ohne Kenntnis des Alltagsbetriebs versuchen, dem Unternehmen eine bestimmte Strategie überzustülpen. Sie halten den Blick fest auf ihr Ziel gerichtet, versäumen es dabei aber, zu prüfen, ob eine Durchführung überhaupt möglich ist. In der Begeisterung für den großen Plan werden Detailfragen einfach vom Tisch gewischt.

Ein gutes Beispiel dafür ist der amerikanische Lebensmittelkonzern Quaker. Im Jahr 1994 erwarb Quaker den Getränkehersteller Snapple. Der Plan war einfach: Man wollte den spektakulären Erfolg von Gatorade, einem von Pepsi hergestellten Sportgetränk, wiederholen. Ein weiteres Getränk – das konnte doch nicht so schwer sein. Obwohl der Umsatz von Snapple rückläufig war, traute sich Quaker zu, daraus etwas zu machen. Was das Unternehmen aber nicht begriff, war, dass Snapples Erfolg wesentlich auf einem weit gespannten und zuverlässigen Netz unabhängiger Vertriebsstationen beruhte, die das Produkt vorbereiteten, abfüllten, lagerten und in kleinen Geschäften und Tankstellen verkauften.

Die Führungsspitze konzentrierte sich ausschließlich auf die Ähnlichkeiten zwischen den Produkten und vernachlässigte dabei die Unterschiede in Marke und Geschäftsmethode. Sie zweifelten nicht daran, dass sie den Erfolg von einstmals wiederholen könnten, und achteten nicht auf die Details. Quaker setzte dazu an, Veränderungen im

»Der Glaube, dass die eigene Einschätzung der Rea-lität die Realität genau beschreibt, ist die gefährlichste aller Täuschungen.«
PAUL WATZLAWICK

Vertriebssystem einzuführen, die nach den bestehenden Verträgen nicht einmal zulässig waren. Niemand hatte im Voraus geprüft, ob die geplanten Synergien überhaupt realisierbar waren. Nach nur drei Jahren verkaufte Quaker den Geschäftsbereich an Triarc, und zwar zu einem Preis, der 1,4 Milliarden US-Dollar unter dem einstigen Einkaufspreis lag.

Manchmal schadet es nicht, einen Pessimisten im Team zu haben, der Einwände formuliert und auf Probleme hinweist. Wenn Sie in Ihrem Unternehmen Veränderungen planen, sollten Sie die Mitarbeiter beteiligen, die von den Veränderungen unmittelbar betroffen sein werden. Prüfen Sie, ob Ihre Strategie in Anbetracht der verfügbaren Ressourcen realistisch ist und ob diese Veränderungen das sind, was Ihre Kunden wünschen. Geben Sie sich nicht mit Vermutungen zufrieden.

Quaker machte zwei Fehler, vor denen Meister Sun uns warnt. Erstens versuchte das Unternehmen, eine Strategie, die schon einmal funktioniert hatte, auf eine neue Situation zu übertragen, ohne zu berücksichtigen, dass sich diese in wesentlichen Punkten von der vorigen Situation unterschied. Zweitens führte diese eingeschränkte Wahrnehmung dazu, dass Führungskräfte den Auftrag erhielten, Veränderungen herbeizuführen, die in der gegebenen Situation nicht realisierbar waren.

So etwas passiert nicht nur in Zusammenhang mit Fusionen und Übernahmen – neue Produkte oder Restrukturierungen können unter ahnungslosen Mitarbeitern, Kunden und Zulieferern großes Unheil anrichten. Wenn die Leute an der Spitze dem Betriebsalltag allzu sehr enthoben sind, verlieren sie unter Umständen jedes realistische Gefühl für ihren tatsächlichen Handlungsspielraum.

Es ist wichtig, sich große Ziele zu setzen und große Träume zu entwerfen, aber ebenso wichtig ist es, stets den Kontakt zu denen zu pflegen, die wirklich wissen, was das bestehende Team mithilfe der vorhandenen Ressourcen leisten kann.

兵法

Laut Sunzi kann ein Heerführer außerdem Unheil anrichten,»*indem er willkürlich Zuständigkeiten verteilt, ohne mit dem militärischen Prinzip der Anpassung an die Situation vertraut zu sein. Damit erschüttert er das Vertrauen der Soldaten.*« Mitarbeiter nach anderen Kriterien als Befähigung und Erfahrung mit bestimmten Aufgaben auszuwählen, ist gefährlich.

Die richtigen Mitarbeiter für einen bestimmten Job – insbesondere im Leitungsbereich – zu finden, ist für den wirtschaftlichen Erfolg eminent wichtig. Das Problem ist, dass häufig Eigenschaften, die jemandem bislang in seiner Karriere gute Dienste leisteten, nicht unbedingt die Eigenschaften sind, die erforderlich sind, um dem Unternehmen in einer höheren Stellung nützlich zu sein. Denken Sie an Dr. Wang in Idee 12 – er war ein brillanter Erfinder und begabter Techniker, aber er war kein Geschäftsmann, und sein Unternehmen zahlte dafür den Preis.

Als Michael Miles zum Chairman und CEO eines US-amerikanischen Tabakriesen ernannt wurde, war vermutlich so mancher überrascht. Erstens war Miles Nichtraucher. Seine Erfahrungen stammten ausschließlich aus dem Lebensmittelsektor des Philip-Morris-Imperiums, das jährlich 61 Milliarden US-Dollar umsetzte. Marlboro und andere Markenzigaretten kämpften gegen die billigeren No-Name-Produkte im Markt, von denen übrigens einige ebenfalls von Philip Morris hergestellt wurden. Um hier mithalten zu können, senkte Miles den Preis für seine Markenprodukte mit einem Schlag um 25 Prozent – ein Schritt, der als *Marlboro Friday* in die Geschichte einging. Der Kurs der Unternehmensaktie fiel binnen eines Tages um 23 Prozent. Mi-

»Es gibt nur drei Regeln für eine gesunde Verwaltung: Beschäftigen Sie die richtigen Leute, lassen Sie sie ihre Arbeit gewissenhaft ausführen und stellen Sie sich ohne Wenn und Aber hinter sie. Die Wahl der richtigen Leute ist das Allerwichtigste.«

Adlai Stevenson

les kannte sich im Tabaksektor nicht aus, und als Nichtraucher verstand er weder seine Kunden noch deren Beziehung zur Marke Marlboro. Ein gutes Jahr später nahm Miles seinen Hut. Auch wenn seine Strategie am Ende sogar aufging, hatte er sich mit seiner mangelnden Branchenkenntnis und seinem hochnäsigen und unkommunikativen Führungsstil wenig

Wenn Sie eine Stelle zu besetzen haben, sollten Sie von hinten nach vorn vorgehen. Stellen Sie sich vor, es wären bereits drei Monate vergangen, seitdem der neue Mitarbeiter seine Stelle angetreten hat. Was tut er jeden Tag? Wen managt er? Welche Lösungen und Fähigkeiten bringt er mit? Formulieren Sie auf der Basis dieser Informationen eine Arbeitsplatzbeschreibung und finden Sie *diese* Person.

Freunde gemacht, sodass seine Position schließlich unhaltbar wurde.

Ein anderes Beispiel ist Boo.com. Das Konzept war denkbar einfach – ein Onlineshop für modische und ausgefallene Sportbekleidung. Ernst Malmsten, einer der schwedischen Gründer, beschrieb Boo.com als »ein Tor zur Welt der Coolen«. Das Problem war nur, dass sie die falschen Leute anstellten, um diese Welt zu kreieren. Kreativität ist fein, aber ein Internetgeschäft muss in erster Linie technisch funktionieren. Die Konzentration aufs Design statt auf die Technologie führte zu in einem Internetauftritt, der fantastisch aussah, aber zum Laden eine Ewigkeit brauchte. Binnen achtzehn Monaten verbriet das Unternehmen 185 Millionen US-Dollar.

Meister Sun warnt vor den Gefahren einer »*willkürlichen Verteilung von Zuständigkeiten*« und dem Schaden, der daraus für die Kampfmoral erwachsen kann. Prüfen Sie jede Besetzung im Nachhinein; überlegen Sie ohne Ansehen der Person, ob sie die richtige Befähigung mitbringt. Stellen Sie fest, was gebraucht wird, und finden Sie jemanden, der genau dies kann. Sonst wird Ihr Geschäft leiden und Ihre Beschäftigten werden revoltieren.

兵法

Sunzi sagt: *»Indem der kluge Kämpfer Fehler vermeidet, ist ihm der Sieg sicher, denn der Feind ist bereits zuvor geschlagen. Der kluge Kämpfer bringt sich in eine unangreifbare Position und wartet sodann auf die Gelegenheit, den Feind zu schlagen.«*

Was Meister Sun hier empfiehlt, ist keine Geheimwissenschaft. Natürlich macht niemand absichtlich Fehler. Im Rückblick lassen sich Fehler leicht erkennen, aber niemand von uns besitzt eine Kristallkugel.

Xerox wird häufig vorgeworfen, das Potenzial des von ihm entwickelten Xerox Alto, den Apple später übernahm, nicht erkannt zu haben. Von Steve Jobs ist der Ausspruch bekannt: »Xerox verwandelte den größten Sieg in der Geschichte der Computerindustrie in eine Niederlage.« Was hatte Xerox gemacht? Der Hersteller von Fotokopiergeräten hatte eine Forschungseinrichtung gegründet mit dem Ziel, Technologien zu entwickeln, die über den bisherigen Tätigkeitsbereich hinauswiesen (mehr dazu in Idee 28). Aber Xerox tat, was unzählige Wirtschaftsschulen empfehlen – das Unternehmen blieb seinen Kernkompetenzen treu (die es im Übrigen äußerst erfolgreich gemacht hatten).

Ähnliches gilt für IBM. Als »Big Blue« im Jahr 1980 beschloss, in den PC-Markt zu gehen, machte Apple bereits einen Umsatz von 100 Millionen US-Dollar (mit einem Desktop-Computer, dessen Grundlagen zuvor Xerox entwickelt hatte). Um nicht mehr Zeit zu verlieren, beschloss IBM, Prozessoreinheit und Betriebssystem extern zu beziehen. Intel und Microsoft sprangen ein, und der Rest ist Geschichte. Abgesehen davon war IBM ein sehr erfolgreicher Hardware-Riese mit einer Strategie, die dem Unternehmen damals viel Geld einbrachte – warum also sich verändern? Wie im Fall von Xerox lagen die fehlenden Komponenten nicht im Bereich der Kernkompetenzen; um sie intern zu entwickeln, man-

»Nur der ist weise, der es versteht, sich mit den Wechselfällen des Lebens zu arrangieren; töricht handelt, wer ständig versucht, gegen den Strom anzuschwimmen.«

Lateinisches Sprichwort

gelte es an Zeit und Erfahrung. Vielleicht ist es also unfair, hier von Fehlern zu sprechen.

Ein anschauliches Beispiel für einen Fehler liefert möglicherweise das Mountainbike von Smith and Wesson. Der berühmte US-amerikanische Schusswaffenhersteller beschloss, dass es an der Zeit sei, von der Bekanntheit der Marke

zu profitieren. Offenbar kannte er aber nicht die Kardinalregel der Markenerweiterung – die Erweiterung muss einen Bezug zur Kernmarke haben. In den falschen Händen können Mountainbikes ebenso töten wie Schusswaffen, und beide sind aus Metall, aber damit hören die Gemeinsamkeiten auch schon auf.

Die Diversifikation von Bic in den Bereich der Einwegunterwäsche war ebenfalls ein Fehlgriff. Wie ein für Einwegstifte, -feuerzeuge und -rasierklingen bekanntes Unternehmen auf die Idee kommen konnte, Einwegwäsche wäre der nächste große Renner, ist nicht nachvollziehbar.

Niemand macht absichtlich Fehler, aber Meister Sun weist uns darauf hin, dass wir alle Taue sichern und alle Schlupflöcher schließen müssen. Denn nur so bringen wir uns *»in eine unangreifbare Position«*.

兵法

»Die Führung einer großen Armee unterscheidet sich nicht von der einer kleinen Einheit. Es ist lediglich eine Frage der Aufteilung.« Hier sagt uns Sunzi, dass es genauso viel Kraft und Geschick kostet, eine große Armee oder eine kleine Einheit zu führen, vorausgesetzt, man stellt es richtig an.

Die Frage der Größe ist ein ewig wiederkehrendes Thema in der Wirtschaft, besonders wenn ein Unternehmen wächst und die Erweiterung ihre eigenen Probleme erzeugt. Darüber, welche Größe für ein Unternehmen oder eine Arbeitsgruppe optimal ist, kann man streiten. Virgin-Chef Richard Branson findet, dass 50 oder 60 Mitarbeiter genug sind – seine Virgin-Unternehmen sind für ihre flache Hierarchie bekannt, in der jeder Mitarbeiter eine Stimme hat. Tom Peters schlägt 150 und Bill Gates 200 Mitarbeiter als Idealgröße vor. Niemand empfiehlt mehrere Tausend. Was aber geschieht, wenn große Unternehmen immer größer werden?

In zahlreichen Unternehmen erzeugen die vielen Hierarchieebenen und die überbordende Bürokratie eine gewisse Trägheit. Das macht es den Mitarbeitern leicht, sich zu verstecken, während Produktivität und Kreativität das Nachsehen haben. Es dauert eine halbe Ewigkeit, bis Entscheidungen umgesetzt werden, und das Überleben wird weniger durch Kreativität und Innovation als vielmehr durch reine Massenproduktion gesichert.

Als das schwedische Unternehmen ASEA im Jahr 1987 mit dem Schweizer Unternehmen Brown Boveri fusionierte, entstand ein Global Player. Das neue Unternehmen, Asea Brown Boveri (ABB), war gerade einmal ein paar Stunden alt, da hatte es bereits 15 andere Unternehmen gekauft. Während der nächsten zwei Jahre kamen weitere 40 Akquisitionen hinzu. Zehn Jahre später hatte ABB 213 000 Mitarbeiter in 150 Ländern.

Percy Barnevik, der bei der Fusion eine entscheidende Rolle spielte, erkannte die Synergien, die ein

»Denke global, handle lokal.«
MANAGEMENTREGEL

Nehmen Sie sich Ihr Organigramm vor, sofern Sie eines haben. Wenn nicht, zeichnen Sie es auf ein leeres Blatt Papier. Wie viele Ebenen existieren zwischen ganz oben und ganz unten? Wenn es mehr als vier sind, sollten Sie nach dem Grund fragen. Wenn die Mitarbeiter, die Kundenkontakt haben, nicht in der Position sind, mit Ihnen oder der Führungsebene über ihre Erfahrungen zu sprechen, verlieren Sie wertvolle Informationen. Versuchen Sie entweder, die Zahl der Managementebenen zu reduzieren, oder richten Sie offene Kommunikationskanäle ein.

solcher Zusammenschluss zwischen den beiden Unternehmen freisetzen würde, und hatte den Mut und das Zutrauen, ihn zu realisieren. Der als europäischer Jack Welch gefeierte Barnevik hasste Bürokratie. In ihrem Buch *ABB – der tanzende Riese* schreiben Kevin Barham und Claudia Heimer, dass es Barnevik darum ging, ein schlankes, von Pioniergeist geprägtes Unternehmens mit so wenig Hierarchieebenen wie irgend möglich zu schaffen.

Barnevik löste diese Aufgabe mit der Einführung einer komplexen Matrixstruktur. Gemäß dieser von Barneviks Nachfolger Göran Lindahl als »Dezentralisierung unter zentralen Bedingungen« bezeichneten Organisationsform wird der Konzern von sogenannten Executive Committees geführt. Die Aufteilung erfolgt nach Geschäftssparten, Unternehmen, Profitcentern und Ländern.

Obwohl der Konzern in der jüngeren Vergangenheit einige Bereiche verkauft hat, ist er immer noch in 100 Ländern tätig und hält den global vernetzten Betrieb überraschend erfolgreich zusammen. Das Ziel bestand und besteht schlicht darin, von der Macht eines großen Unternehmens zu profitieren, ohne in die Größenfalle zu tappen. Kleine Unternehmen genießen in der Regel viele Vorteile – sie sind sehr viel agiler und können sich an veränderte Bedingungen rascher anpassen. Barnevik tat alles, damit ABB auf diese Vorteile nicht verzichten musste, und es gelang ihm, seine Riesenarmee so zu führen, als handelte es sich um einen kleinen Trupp.

兵法 Thematisch ähnlich gelagert wie die vorige Idee ist dieser Rat von Meister Sun: *»Eine große Armee im Kampf zu befehligen, ist nichts anderes, als eine kleine Einheit zu befehligen. Es ist lediglich eine Frage der vereinbarten Zeichen und Signale.«* Diesmal konzentriert er sich auf die Möglichkeit, Kontrolle mittels geeigneter Systeme auszuüben.

Wenn Sie den Übergang von einem kleinen zu einem großen Unternehmen erleichtern wollen, tun Sie gut daran, Strategien und Verfahrensweisen zu institutionalisieren – wo Standards und Routinen fehlen, gehen große Summen Geld verloren.

Unabhängig von der Unternehmensgröße ist es immer empfehlenswert, bestimmte Abläufe festzulegen. Warum lassen Sie Ihre Mitarbeiter das Rad neu erfinden, wenn es bereits optimierte Methoden gibt, die jeweiligen Aufgaben zu lösen? Es ist diese Betriebsdisziplin, die das Franchising-Modell so erfolgreich macht. Und welche Kette illustriert das besser als McDonald's?

Die Fast-Food-Kette ist aus vielerlei Gründen bemerkenswert – man denke an die Entstehung, an ihr Wachstum, an ihre schlechte Presse (etwa an den Dokumentarfilm *Super Size Me*), an ihre langwierigen gerichtlichen Auseinandersetzungen und ihre jüngsten Erfindungen. Auf eine Erörterung der Nahrungsmittelqualität soll hier verzichtet werden; entscheidend ist, dass das Kundenerlebnis von der Bestellung über die Zubereitung bis zum Geschmack eines Big Mac stets mehr oder weniger identisch ist, ganz gleich, ob Sie sich in Moskau, Delhi oder New York befinden. Die Einheitlichkeit des Erlebnisses wird möglich durch das McDonald's-System – einen Katalog von Verfahrensweisen, den alle Franchisenehmer implementieren müssen.

Es ist ein System, das offenbar funktioniert, obgleich 70 Prozent aller McDonald's-

»Wenn du ein besseres System hast, weihe mich ein; wenn nicht, verwende das meinige.«
HORAZ

Restaurants weltweit von unabhängigen Eigentümern geführt werden. Der standardisierte Ansatz bedeutet, dass McDonald's »*eine große Armee befehligt*« – mit mehr als 31 000 Restaurants in 118 Ländern. Aber die Kette bedient sich dabei eines Systems, das die Marke schützt und ein einheitliches Kundenerlebnis gewährleistet. Und die Franchisenehmer brauchen sich nicht den Kopf darüber zu zerbrechen, welches Geschäftsmodell am besten funktioniert – sie folgen einfach dem System und ernten die Früchte (abzüglich eines Obolus für die Zentrale).

Praxistipp

Gibt es in Ihrem Unternehmen oder in Ihrem Team jemanden, dessen plötzliches Fehlen Chaos verursachen würde? Wenn ja, sollten Sie in der Arbeitsplatzbeschreibung des betreffenden Mitarbeiters festhalten, dass die kritischen Informationen in Form von Strategien und Verhaltensweisen zu Papier zu bringen und damit dem Unternehmen zugänglich zu machen sind. Wenn er dann im Lotto gewinnt oder arbeitsunfähig wird, wird Ihr Unternehmen nicht in Mitleidenschaft gezogen. Nur indem Sie Ihre Best Practice dokumentieren, können Sie sie aufrechterhalten.

Ich bin mir ziemlich sicher, dass die Zeichen und Signale, die Sunzi im Sinn hatte, wenig mit Franchising zu tun hatten, aber wirtschaftlicher Erfolg ist keine Frage des Zufalls (und wenn, dann zumindest nicht für lange Zeit). Wichtiger ist da schon die Fähigkeit, im eintönigen Alltagsbetrieb immer wieder gute Leistung zu erbringen. Gute Leistung setzt Systeme und Verfahrensweisen voraus, die sicherstellen, dass der Alltagsbetrieb nicht von den Fähigkeiten einzelner Mitarbeiter abhängt. Viel zu häufig machen sich Führungskräfte zur Geisel von Mitarbeitern, deren Wissen und Expertise lediglich in ihren Köpfen existiert und nirgends sonst festgehalten ist. Dies birgt die Gefahr, dass das Unternehmen keinen Zugriff mehr darauf hat, sollten diese Mitarbeiter plötzlich nicht mehr zur Verfügung stehen.

兵法 Meister Sun vergleicht eine Armee, die ihre Entscheidungen trifft, mit einem »Raubvogel, der blitzschnell auf seine Beute herabschießt«. »Stärke ist wie das Spannen der Armbrust, die Entscheidung wie die Betätigung des Abzugs.« Sobald die erforderlichen Informationen vorliegen, gilt es, einen klaren Beschluss zu fassen und diesen mit Macht und Entschlossenheit umzusetzen.

In der Wirtschaft kann man nicht erfolgreich sein, wenn man untätig auf der Bank sitzt. Es ist die Aufgabe einer Führungskraft, die schwierigen Entscheidungen auch dann zu treffen, wenn die Faktenlage unklar ist. Zu warten, bis alle Fragen beantwortet sind, kommt mitunter einem kommerziellen Selbstmord gleich.

Als Christopher Galvin bei Motorola, dem von seinem Großvater im Jahr 1928 gegründeten Unternehmen, die Karriereleiter erklomm, beeindruckte er sein Umfeld durch seine Entschlossenheit und seine Entscheidungsfreude. Analysten zufolge verließ ihn diese Eigenschaft jedoch, als er im Jahr 1997 die Rolle des CEO übernahm. Im sich rasch wandelnden Technologiesektor sind Tempo und Überzeugung wichtige Erfolgsvoraussetzungen. Galvin brauchte 18 Monate, bis er sich schließlich zum Verkauf der Halbleitersparte des Unternehmens entschloss, obwohl ihm der Bereichsleiter versichert hatte, dass der Verkauf die Rentabilität des Gesamtunternehmens wieder herstellen würde.

Ähnlich verhielt es sich mit Iridium, einem transportablen Telefonsystem, das dank 66 Telekommunikationssatelliten auf dem gesamten Globus einsatzfähig war. In das noch von Galvins Vater im Jahr 1991 angestoßene und nach Ansicht mancher Beobachter »techtosterongetriebene« Projekt hatte Motorola bereits über 5 Milliarden US-Dollar investiert. Iridium kam nicht in Fahrt. Ende 1999 rieten Galvin die meisten seiner Berater zum

»Unentschlossenheit und Verzögerungen sind die Eltern des Scheiterns.«
GEORGE CANNING

Ausstieg. Obwohl der Satelliten-Netzbetreiber Iridium bereits Insolvenz nach »Chapter 11« beantragt hatte, brauchte es ein weiteres Jahr und geschätzte 200 Millionen US-Dollar, bevor er einwilligte.

Galvin wollte von Unentschlossenheit nichts wissen: »Wenn uns jemand eine durchdachte Idee oder eine vernünftige Investition vorschlägt und alle Fragen beantwortet sind, treffen wir unsere Entscheidung in Nanosekunden.«

Praxistipp

Notieren Sie zu einer anstehenden Entscheidung alle wichtigen Punkte, die Sie daran hindern, zu einem Entschluss zu kommen. Was davon können Sie sofort angehen? Welche Antworten benötigen Sie? Wen müssen Sie einbeziehen, um an die erforderlichen Informationen zu kommen? Setzen Sie sich einen Termin, bis zu dem Sie die Entscheidung treffen wollen, und zwar unabhängig davon, welche Informationen Sie bis dahin erhalten haben. Manchmal ist eine gute schnelle Entscheidung besser als eine perfekte spätere.

Galvin ist nicht der einzige CEO von Motorola, der sich mit Entscheidungen schwertat. Gary Tooker, Galvins Vorgänger, blieb der analogen Technik verhaftet und verpasste den Anschluss an die digitale Welt. Anfangs gab es drei konkurrierende Standards, von denen nicht klar war, welcher sich durchsetzen würde. Motorola hatte Jahre zuvor den Mikrochip für Apple entwickelt und wollte möglicherweise nicht riskieren, noch einmal aufs falsche Pferd zu setzen. Nokia und Ericsson waren jedoch schneller. Und so sank Motorolas Marktanteil in den USA binnen vier Jahren von 60 Prozent auf 34 Prozent im Jahr 1998. Die Weigerung, sich auf die digitale Welt einzulassen, erwies sich schon bald als großer Fehler.

Nichts ist frustrierender als eine Führungskraft, die sich vor Entscheidungen drückt. Das dämpft die Motivation der Mitarbeiter und legt einen Mantel der Lethargie und der Resignation über das Unternehmen.

兵法

»Der kluge Heerführer setzt auf geballte Stärke und fordert nicht zu viel von den einzelnen Soldaten. Darum kann er die richtigen Männer auswählen und ihre geballte Stärke vorteilhaft einsetzen.« Hier erklärt Sunzi, dass es klug ist, die Stärke von Teams zu nutzen, um bestimmte Ziele zu erreichen.

Wenn es Ihnen gelingt, Ihr Team auf ein gemeinsames Ziel einzuschwören, ist das Ganze mehr wert als die Summe seiner Teile. Ihr Team ist als Kollektiv produktiver als seine individuellen Mitglieder.

Im Jahr 1983 war die Springfield Remanufacturing Corporation (SRC) ein Unternehmen am Rande des Bankrotts. Wenngleich unerfahren in der Leitung eines kompletten Unternehmens, trieben Jack Stack und zwölf seiner Managerkollegen 100 000 US-Dollar auf und kauften SRC dem Mutterkonzern International Harvester ab.

Das Unternehmen, das kurz vorm Bankrott stand, ist mittlerweile zu einer Gruppe von 22 getrennten Unternehmen mit einem Gesamtumsatz von über 120 Millionen US-Dollar angewachsen. Viele dieser neuen Unternehmen sind die Frucht von Unzulänglichkeiten des Unternehmens, die von Mitarbeitern identifiziert wurden – Mitarbeiter, die sich dank Jack Stack dem Unternehmen und seiner Zielsetzung in besonderer Weise verbunden fühlen.

Wie gut sich Stack in der Unternehmensführung auskannte, mag dahingestellt bleiben, aber er hatte ein Gespür für die Regeln des Wettbewerbs und der Demokratie, und er wollte ein Unternehmen schaffen, das Spaß machte, fair spielte, leistungsfähig war und mitreden konnte. Er wollte, dass die Mitarbeiter sich als Miteigentümer empfanden und sich für das gemeinsame Ziel ins Zeug legten. Das Ergebnis war ein »Management der offenen Bücher«, das sich als extrem wirkungsvolle Methode erwies, um die »geballte Stärke« des Teams zur Entfaltung

»Kein Problem ist unüberwindbar. Mit etwas Mut, Teamarbeit und Entschlossenheit kann ein Mensch jede Hürde meistern.«
B. Dodge

Organisieren Sie Ihr nächstes Projekt wie ein Spiel. Versammeln Sie die Arbeitsgruppe, weisen Sie gemeinsam die Rollen zu, legen Sie die Regeln fest, und stellen Sie sicher, dass jedem das Ziel klar ist. Definieren Sie, wie Sie Fortschritt messen, damit jeder weiß, ob er zu den Gewinnern oder den Verlierern gehört. Setzen Sie dem Projekt eine Frist und sprechen Sie gemeinsam über die Belohnungen und Strafen – individualisieren Sie sie. Haben Sie Spaß und nehmen Sie den Arbeitsalltag einmal aus einer anderen Perspektive wahr.

zu bringen. Aus dieser Philosophie heraus entstand »The Great Game of Business« als eine Plattform, die Stack nutzt, um andere in die Geheimnisse seines Managementstils einzuweihen.

Stack wirbt dafür, Wirtschaft als ein Spiel zu begreifen, bei dem es darum geht, Regeln festzulegen, Punkte zu sammeln, Mitspieler zu suchen, Spaß zu haben und sich gemeinsam an der Belohnung zu erfreuen. Jedes Jahr knöpft sich SRC ein Problem vor, das allen Beteiligten schlaflose Nächte bereitet. Die Herausforderung wird zu einem unternehmensweiten Spiel, dessen Ausgang die wesentliche Grundlage für die Bemessung der Mitarbeiterentlohnung bildet. Nicht nur die Lösungen sind von Interesse, sondern der Vorgang selbst trägt entscheidend zur Teambildung bei. Und der Nutzen ist nicht allein kurzfristiger Natur – jeder bei SRC weiß, wie man eine Jahresbilanz liest, und alle Mitarbeiter verfügen über ausreichend Informationen, um zu erkennen, wie sich ihre Entscheidungen auf die Gesamtbilanzen niederschlagen. Aktienoptionen und Boni bewirken, dass sich ein Großteil des Eigenkapitals des Unternehmens in den Händen der Mitarbeiter befindet, die es geschaffen haben.

Selbst Meister Sun wäre beeindruckt gewesen, welche kollektiven Fähigkeiten SRC mit der *»Auswahl der richtigen Männer und des vorteilhaften Einsatzes ihrer geballten Stärke«* zu entwickeln vermochte und vermag.

兵法

Schon vor 2500 Jahren kannte Meister Sun die Vorzüge der Poleposition: »*Wer zuerst auf dem Schlachtfeld ist und den Feind erwartet, geht ausgeruht in den Kampf; wer zuletzt eintrifft und sich beeilen muss, geht erschöpft in den Kampf.*«

Auf den Vorteil des Pioniers wird im Wirtschaftskontext häufig hingewiesen. Wer eine starke Marke etablieren will, tut gut daran, ein neues Terrain als Erster zu besetzen – und seine Vorherrschaft anschließend zu verteidigen.

Ein Beispiel liefern die Post-it-Haftnotizzettel. Neun Jahre lang wartete der von Spencer Silver (der in der zentralen Forschungsabteilung von 3M arbeitete) entwickelte schwach haftende Klebstoff auf eine sinnvolle Verwendung. Erst als Arthur Fry, Produktentwickler bei 3M und aktives Mitglied des örtlichen Kirchenchors, sich darüber ärgerte, dass die Papierschnipsel, mit denen er seine Einsätze markierte, ständig aus den Noten fielen, änderte sich die Lage. Fry grub Silvers Klebstoff aus und – Heureka! – Post-it war geboren. Büros im ganzen Land ließen sich für das neue Produkt begeistern und 3M hatte einen neuen Markt kreiert. Einen Markt, den das Unternehmen bis heute beherrscht.

Ähnliches gilt, wie bereits in Idee 13 erläutert, für Häagen-Dazs, das den Markt für Luxuseis schuf und ihn bis heute gegen eine harte Konkurrenz verteidigt. Es geht also darum, einen neuen Markt zu schaffen.

Die Weight Watchers sind ein weiteres Beispiel für ein Unternehmen, das frisch und ausgeruht auf dem Schlachtfeld eintraf, auch wenn es sich vielleicht nicht um die Art von Schlacht handelte, die Sunzi meinte. Im Jahr 1961 kämpfte Jean Nidetch ihren eigenen Kampf – den Kampf gegen die Pfunde. Nachdem sie von der Spezialklinik für Fettleibigkeit des New Yorker Gesundheitsamts auf

»Wenn Sie Ihren Markt von mehreren Positionen aus attackieren, die Konkurrenz aber nicht, dann haben Sie alle Vorteile auf Ihrer Seite, und das wird sich in Erfolg und barer Münze auszahlen.«
JAY ABRAHAM

Diät gesetzt worden war, suchte sie ein wenig moralische Unterstützung. In Anbetracht der wenig erbaulichen Aussicht auf Knäckebrot und Grapefruit lud sie jede Woche einige Freunde in ihre Wohnung in Queens ein, und Weight Watchers und die Diätindustrie waren geboren. Heute organisiert Weight Watchers jede Woche über 50 000 Veranstaltungen in 30 Ländern.

Der einzige Ort, an dem sich Pionierleistungen häufig

Es ist vielleicht nicht immer einfach, neue Märkte zu schaffen, aber auch in bestehenden Märkten ist es immer noch möglich, Pionierland zu besetzen. Versuchen Sie, Ihr wichtigstes Produkt so zu gestalten, dass es in seinem Markt durch Einzigartigkeit glänzt. Wie wäre es mit zusätzlichen Garantieleistungen oder einer längeren Garantielaufzeit? Inwiefern können Sie Ihr Produkt mit einem einzigartigen Merkmal versehen, das Ihnen in einem dicht gedrängten Markt ein besonderes Renommee verleiht?

nicht auszahlen, ist die Technologiebranche. Hier hinkt das Konsumentenverhalten der technologischen Entwicklung häufig weit hinterher. Manchmal sind es aber auch die Unternehmen selbst, die nur mit Verzögerung erkennen, welches Potenzial in der von ihnen entwickelten Technologie steckt. Die rasche Verbreitung der SMS-Technik beispielsweise kam für viele europäische Mobiltelefonhersteller vollkommen überraschend – so sehr, dass viele die Funktion in ihren Betriebsanleitungen gar nicht erwähnten.

Coca-Cola kann die Kundschaft halten, weil das Unternehmen die Rezeptur geheim hält. Technologie aber lässt sich häufig kopieren. Neue Technologien können entwickelt und bestehende verändert werden, um Patente zu umgehen, und der Pionier braucht nicht lange zu warten, bis die Konkurrenz von seinem Kuchen knabbert. Erinnern Sie sich an Betamax, die Magnetbandalternative zu VHS und JHC? Generell jedoch ist es häufig sehr wohl vorteilhaft, einen Markt als Erster zu besetzen.

兵法 Meister Sun sagt: »*Eine Armee kann mühelos große Entfernungen zurücklegen, wenn sie durch Gegenden zieht, in denen der Feind nicht ist. Du kannst dir des Erfolgs deiner Angriffe sicher sein, solange du den Feind nur dort angreifst, wo er ungeschützt ist. Deine Verteidigung ist nicht in Gefahr, solange du nur Stellungen verteidigst, die unangreifbar sind.*«

Im Jahr 1979, als der Walkman herauskam, waren tragbare Kassettenrekorder nicht neu. Sony selbst hatte zuvor ein ähnliches Produkt unter dem Namen Pressman an professionelle Journalisten verkauft. Mit ihm konnten die Reporter Interviews aufnehmen und Eindrücke festhalten.

Ehrenchairman Masaru Ibuka vertrieb sich auf seinen häufigen Flugreisen mit Sonys erstem Prototyp eines tragbaren Kassettenrekorders die Langeweile. Das Gerät war jedoch klobig (und teuer), und so wiesen er und Chairman Akio Morita den Verantwortlichen für Kassettenrekorder, Kozo Ohsone, an, eine kleinere Version zu entwickeln. In der Folge fiel die Aufnahmefunktion weg, während eine Stereofunktion, eine Kopfhörerbuchse und leichte Kopfhörer hinzukamen. Der Sony Walkman war geboren. Seither wurden weltweit über 150 Millionen Exemplare verkauft. Sony modifizierte ein (beinahe) existierendes Produkt und vermarktete es mit einem ganz anderen Nutzenversprechen an einen ganz anderen Kundenkreis. Es handelte sich nicht länger um eine Spezialausstattung für eine bestimmte Berufsgruppe, sondern um ein universelles Symbol für Jugend, Freiheit und Emanzipation. Die Menschen bekamen etwas, von dem sie nicht wussten, dass sie es sich wünschten – Musik für unterwegs. Sony machte sich in einem Markt breit, der von niemandem verteidigt wurde.

Im Jahr 1989 organisierten Paul Cave und andere im Rahmen einer internationalen Wirtschaftskonferenz eine einmalige Klettertour über den

»Innovation ist die Schaffung von etwas Neuem oder die Neugestaltung von etwas Altem.«
MICHAEL VANCE

Bogen der Sydney Harbour Bridge. Sie wurde ein großer Erfolg, sodass Cave diese Erfahrung jedermann zugänglich machen wollte. Neun anstrengende Jahre der Vorbereitung gingen ins Land, bis das erste kommerzielle Kletterevent stattfand. Eine komplizierte Logistik war erforderlich, um dieses internationale Wahrzeichen in eine kommerzielle Touristenattraktion zu verwandeln – Fragen vom Denkmalschutz bis zur Sicherheit mussten mit Dutzenden von Behörden und Hunderten von Experten abgestimmt werden. Seit 1998 haben mehr als zwei Millionen Menschen zum Durchschnittspreis von 230 US-Dollar für Erwachsene die Brücke bestiegen – rechnen Sie selbst!

Besteht in Ihrem gegenwärtigen Tätigkeitsbereich vielleicht die Option für einen neuen Markt oder ein neues Produkt? Stellen Sie ein Projektteam zusammen, und versuchen Sie, einen neuen Kundenkreis ausfindig zu machen, der Ihr Produkt möglicherweise für einen anderen als den intendierten Zweck nutzen könnte. Suchen Sie anschließend in Ihrem gegenwärtigen Markt nach Nischenbereichen, in denen Sie die Attraktivität Ihres Produkts durch eine Modifikation des Produkts selbst oder durch eine veränderte Vermarktungsmethode steigern können.

Hier haben wir ein weiteres Beispiel für den Lohn des Pioniers – und ein Beispiel für eine Geschäftsaktivität, die nicht dupliziert werden kann. Der erste Anbieter ist und bleibt der Einzige. Wer eine der symbolträchtigsten Brücken der Welt besteigen und von dort aus auf das Sydney Opera House blicken will, ist auf diesen Anbieter angewiesen. Er hält folglich eine Stellung, »die unangreifbar ist«.

兵法 Ganz im Sinne seiner Vorliebe für Heimlichkeit erklärt Sunzi: »*Die höchste taktische Kunst
besteht darin, die eigenen Vorbereitungen
so geheim zu halten, dass kein Spion und kein
Verstand sie ergründen kann.*« Posaunen Sie
Ihre Pläne also nicht hinaus.

Zu den Themen Tempo und Geheimhaltung lässt sich kaum ein besseres
Beispiel finden als die in Idee 17 bereits erwähnte Fusion von ASEA und
Brown Boveri. Der gleichberechtigte Zusammengang der in den Jahren
1883 beziehungsweise 1891 gegründeten Unternehmen kam für die Wirtschaftswelt völlig überraschend.

Die Fusion brachte nicht nur einen 30 Milliarden US-Dollar schwe-
ren Giganten hervor, sondern sie vollzog sich auch in unglaublicher Ge-
schwindigkeit und Einfachheit. Als Percy Barnevik, der CEO von ASEA,
an Brown Boveri herantrat, war ihm zweifellos etwas bewusst, was der Wall
Street entging. Hier handelte es sich nicht, wie später geschrieben wurde,
um eine »Vernunftehe«, sondern um ein perfektes Paar. Brown Boveri war
international, aber schwach im Management. ASEA war nicht international, verfügte aber über ein starkes Management.

Brown Boveri war das Schweizer Industriejuwel, ein hundertjähriges
Unternehmen, das einen Großteil der Schweizer Infrastruktur errichtet
hatte. Wäre die bevorstehende Fusion ruchbar geworden, hätten Regierung und Gewerkschaften den Deal mit Sicherheit hintertrieben. Barnevik entschied sich folglich zuerst für Verhandlungen zwischen kleinen
Delegationen beider Unternehmen. Als die Vertragsentwürfe den
jeweiligen Boards erstmals vorgelegt wurden, hatten manche Direktoren keine Ahnung, dass eine Fusion auf
der Tagesordnung stand. Man gab ihnen eine Stunde, um die Papiere zu lesen. Es gab keine Due-
Diligence-Prüfung und keine Juristen; vielmehr
las Barnevik den beiden Parteien den Ver-
tragsentwurf Zeile für Zeile vor. Einwände

»Während jede
Täuschung Heimlich-
keit erfordert, geschieht
nicht jede Heimlichkeit
aus Täuschungsabsicht.«
SISSELA BOK

zu einzelnen Stellen wurden spontan erhoben und geklärt. Wenn niemand etwas sagte, wurde dies als allgemeine Zustimmung gewertet.

Barnevik meinte rückblickend in einem Interview mit der *Harvard Business Review* aus dem Jahr 1991: »Wir hatten keine andere Möglichkeit, als verdeckt und rasch zu handeln … Es gab keine Juristen und keine Buchprüfer, weder Umwelt- noch Due-Diligence-Prüfung. Natürlich versuchten wir, die Vermögenswerte so gut wie möglich einzuschätzen. Aber … vom strategischen Gewinn waren wir absolut überzeugt.«

Dass es sich um eine Fusion und nicht um eine Übernahme handelte, war sicherlich ebenso förderlich wie die Bereitschaft beider Führungsgremien, einander zu vertrauen und einen Schritt nach vorn zu wagen. Allen war bewusst, wie gut die Unternehmen zusammenpassten und welche Vorteile ein Zusammengang bringen würde. An die Stelle der Juristen traten das Vertrauen und die gemeinsame Zielvorstellung, und dann wurde die größte grenzüberschreitende Fusion als Erfolg gefeiert. Indem Barnevik den Plan bis zur letzten Minute geheim hielt, verhinderte er, dass »*neugierige Spione*« – in diesem Fall die Regierung oder die Gewerkschaften – ihn noch zu Fall brachten.

Praxistipp

Wenn Sie intern oder extern mit jemandem in Verhandlungen treten, sollten Sie zuerst überlegen, wer gegen das neue Konzept sein könnte. Notieren Sie drei Vorteile und drei Nachteile des Konzepts sowie die Namen derjenigen, die am ehesten davon betroffen wären. Wer könnte sich angegriffen fühlen und mit Ablehnung reagieren? Versuchen Sie nach Möglichkeit, die Befürchtungen in Einzelgesprächen auszuräumen. Stellen Sie fest, was geschehen muss, um zu einem Konsens zu kommen.

兵法

Meister Sun warnt davor, in eine methodische Bequemlichkeit zu verfallen: »*Hat uns eine Taktik zum Sieg verholfen, so dürfen wir sie nicht wiederholen. Vielmehr sollten wir die Taktik stets neu an der Situation ausrichten.*« Der Sieg kennt kein Schema F, und jede neue Schlacht muss aus den ihr eigenen Umständen heraus angegangen werden.

Das gilt auch für die Wirtschaft. Zwar gibt es Erfolgsfaktoren, die für viele Unternehmen und viele Produkte in ähnlicher Form gelten, aber es wäre ein Fehler, zu denken, man könne einen Erfolg im einen Markt ohne Weiteres auf einen anderen übertragen. Der Getränkeanbieter Quaker, über den wir in Idee 14 sprachen, machte genau diesen Fehler, als er annahm, Snapple »gatoradisieren« zu können. Wer eine Erfolgsformel kopiert und dabei nur ein Element verändert, kann sich darauf gefasst machen, dass er früher oder später scheitert. Jede Situation ist anders und muss in ihren Besonderheiten begriffen werden. Und ein bisschen gesunder Menschenverstand kann auch nicht schaden.

Gerber, der bereits genannte erfolgreiche Anbieter von Babynahrung, ist insbesondere für sein püriertes Obst und Gemüse in kleinen Gläsern mit lustigen kleinen Babygesichtern darauf bekannt. Im Jahr 1974 versuchte das Unternehmen, zu diversifizieren und in den Markt für Erwachsenennahrung einzudringen. Die Theorie klang vernünftig. Wir haben darüber bereits in Idee 22 gesprochen: Stellen Sie fest, ob Sie für Dinge, die Sie bereits produzieren, neue Absatzmärkte auftun können. Aber lockt man jemanden, der einen langen Bürotag hinter sich hat, mit getrocknetem Rindfleisch in Sahnesoße und einem Blaubeerdessert hinterm Ofen hervor? Die Vermarktungspleite wurde noch dadurch verstärkt, dass Gerber für die Erwachsenenprodukte dieselben Glä-

»Die drei grundlegenden Voraussetzungen, um etwas von Wert zu schaffen, sind erstens harte Arbeit, zweitens Beharrlichkeit und drittens gesunder Menschenverstand.«
Thomas Edison

ser verwendete wie für das Babysortiment. Wie Susan Casey in der Zeitschrift *Business 2.0* im Oktober 2000 schrieb, hätte zu dieser universellen Taktik der Slogan gepasst: »*Ich bin Single und ernähre mich von Gläschen.*«

Ein jüngeres Beispiel für einen Produktirrläufer sind die »Funky Fries« von Heinz. Auch hier war der Grundgedanke nicht falsch, aber es hakte an der Umsetzung. Man dachte: Wenn Kinder Pommes frites

Fragen Sie sich in Bezug auf die Dinge, die Ihr Unternehmen gegenwärtig anbietet, ob die Idee dazu von »innen« oder von »außen« stammt. Wenn die Verbesserungen von echten äußeren Einflüssen wie beispielsweise Kundenfeedback oder Gesetzesänderungen angestoßen wurden, sind Sie vermutlich auf dem richtigen Weg. Wenn die Entwicklungen auf internen Annahmen beruhen und eine Beeinflussung des externen Marktes zum Ziel haben, sollten Sie Ihre Vermutungen mittels externer Marktforschung verifizieren.

pur lieben, dann doch sicher auch mit Zimt, Schokolade, Schmant oder blau gefärbt. Aber das stimmte nicht. »Funky Fries« verschwanden nach einem Jahr wieder aus den Regalen.

Für viele Unternehmen besteht die Kunst darin, neue Produktlinien zu entwerfen, ohne dass darunter das bestehende Produktangebot leidet. Natürlich schadet es nicht, ein Auge auf die Zukunft zu haben und zu versuchen, das eigene Angebot zu diversifizieren. Es ist aber ein Fehler, zu glauben, dass sich, was in der Vergangenheit funktioniert hat, automatisch auch auf andere Marktsegmente übertragen lässt. Analysieren Sie jede Situation neu – und zwar mit den Augen der Kunden, nicht mit ihren eigenen.

兵法 Mit einer Metapher unterstreicht Sunzi die Notwendigkeit des »Fließens«: »*Das Wasser bildet seinen Lauf je nach dem Grund, über den es fließt; der Kämpfer richtet seine Siegestaktik am Verhalten des Feindes aus.*« Eine erfolgreiche Armee passt sich immer an die Verhältnisse an.

Henry Ford war nach geschichtlichen Maßstäben ein exzentrisches Genie, dem bis heute einige der größten Wirtschaftsentscheidungen aller Zeiten zugeschrieben werden. Als Vater der Massenproduktion steht er für Innovation und Geschäftstüchtigkeit.

Im Jahr 1914 beschloss er, den Tageslohn für seine Arbeiter von 2,50 auf 5 US-Dollar anzuheben. Was ihn zu dieser Entscheidung veranlasste, war vermutlich weniger die Sorge um das Wohl seiner Beschäftigten als vielmehr Eigeninteresse, denn Ford hatte verstanden, wie wichtig es ist, die Fluktuation unter den Arbeitern zu reduzieren. Der doppelte Lohn trug sicherlich dazu bei, sie für die Einförmigkeit ihrer Tätigkeit zu entschädigen. Zugleich verringerte Ford die tägliche Arbeitszeit von neun auf acht Stunden.

Seine Idee, ein schnörkelloses und zuverlässiges Auto auf den Markt zu bringen, erwies sich als ungeheuer erfolgreich; es gab eine Zeit, in der das Unternehmen über Barreserven von einer Milliarde US-Dollar verfügte.

Um 1920 produzierte Ford sein Model T im Minutentakt. Sein Festhalten an den zunächst beachtlichen Errungenschaften verleitete ihn jedoch zu so manchem Fehler.

Ford gab dem Markt, was dieser wollte. Er war auch bereit, damit immer so weiterzumachen – aber er begriff nicht, dass der Markt sich veränderte, oder er weigerte sich, darauf zu reagieren. Mittlerweile war Alfred P. Sloan von General Motors zu dem Schluss gekommen, dass die Kunden Vielfalt wünschten. Er

»Es sind nicht die kräftigsten Arten, die überleben, und auch nicht die intelligentesten, sondern diejenigen, die am flexibelsten auf Veränderungen reagieren.«
CHARLES DARWIN

teilte den Markt in kleinere Segmente auf und zielte mit seinen fünf Modellen – Chevrolet, Oldsmobile, Pontiac, Buick und Cadillac – jeweils auf spezielle Kundengruppen. Wo Ford ein funktionales, verlässliches Model T anbot, eröffnete GM den Kunden Wahlmöglichkeiten.

Eine weitere uramerikanische Marke mit ähnlichem Schicksal war Rubbermaid. Der Niedergang dieses 1,45-Milliarden-Dollar-Unternehmens ist im Wesentlichen seiner fehlenden Flexibilität in einem sich verändernden Umfeld geschuldet. Seine Marktstellung basierte auf Innovativität und nicht auf dem Preis, und so genossen Kosteneinsparungen und Effizienzverbesserungen keine Priorität. Aber die Technologie entwickelte sich weiter und neue Produkte wurden rasch von Wettbewerbern kopiert; weil auch das Qualitätsgefälle abnahm, schrumpfte der Marktanteil von Rubbermaid. Als das Unternehmen schließlich auf die Probleme zu reagieren versuchte, war es schon zu spät.

Ford und Rubbermaid weigerten sich, ihr Verhalten an die Gegebenheiten des Marktes anzupassen, und zahlten dafür den Preis.

Praxistipp

Stellen Sie fest, welche Ihrer Produkte sich am besten beziehungsweise am schlechtesten verkaufen. Wann wurden sie jeweils zuletzt auf ihre Marktrelevanz hin überprüft? Inwiefern hat sich der Markt seit ihrer Einführung verändert? Benennen Sie jeweils drei Punkte. Setzen Sie sich damit jetzt sofort auseinander. Auch das beste Produkt ist nicht davor gefeit, eines Tages bedeutungslos zu werden, wenn Sie den veränderten Kundenbedürfnissen nicht ausreichend Beachtung schenken.

兵法 Obwohl Meister Sun die Planung als wichtige Waffe bezeichnet, verweist er auch auf die notwendige Flexibilität, weil nicht jeder Plan aufgeht: »*Der geborene Heerführer versteht es also, zu siegen, indem er seine Taktik am Verhalten des Feindes ausrichtet.*«

In Idee 7 betrachteten wir die Schlacht zwischen Coca-Cola und Pepsi. Coca-Cola war unter Beschuss, seine führende Marktstellung schien zum ersten Mal ernsthaft bedroht zu sein.

Die Marktanteile der beiden Marken wichen um weniger als fünf Prozent voneinander ab. Coca-Cola investierte massiv in die Werbung, jedoch mehr oder weniger vergeblich. Der Erfolg von »Pepsi Challenge« verleitete Coke dazu, das Problem vom falschen Blickwinkel aus zu betrachten. Das Unternehmen ließ sich auf einen Zweikampf in Sachen Geschmack ein und verrannte sich damit gründlich.

Coca-Cola kam zu dem Schluss, dass es seine führende Position nur durch eine Veränderung der Rezeptur sichern könnte. Obwohl sämtliche Markterhebungen die Möglichkeit einer Veränderung des berühmten Getränks negativ bewerteten, wurde New Coke auf den Markt gebracht und die Produktion des Originalgetränks eingestellt.

Die Verbraucher machten aus ihrem Missfallen keinen Hehl und weigerten sich, das neue Produkt zu kaufen. Coca-Colas Rettung war jedoch, dass es den Fehler erkannte, und zwar vergleichsweise rasch. Es war für Coca-Cola bestimmt nicht leicht, in aller Öffentlichkeit einen so kostspieligen Fehler zu revidieren. Aber nach 90 Tagen war die Entscheidung gefallen und das Originalprodukt zurück in den Regalen.

> »Es bereitet einem auch eine gewisse Zufriedenheit, wenn man den Mut aufbringt, die eigenen Fehler einzugestehen. Das verhindert nicht nur Schuldgefühle und Abwehrhaltung, sondern hilft häufig auch, die durch die Fehler verursachten Probleme zu beheben.«
> *DALE CARNEGIE*

Trotz dieses Riesenschnitzers wurde das Topmanagement von Coca-Cola nicht gefeuert. Im Gegenteil, CEO Roberto Goizueta erhielt für seinen Beitrag zu dem Debakel 1,7 Millionen US-Dollar in Form von Gehaltszahlungen und Boni. Die Rückkehr zur Originalrezeptur verstärkte am Ende noch die Kundentreue. Verschwörungstheoretiker verstiegen sich sogar zu der Behauptung, das Ganze sei ein abgekartetter Marketingtrick gewesen. Gibt es eine bessere Möglichkeit, die Begierde der Menschen anzustacheln, als das Objekt der Begierde vom Markt zu nehmen? Donald Keough, der leitende Geschäftsführer des Unternehmens, winkte ab: »Die Wahrheit ist: Wir sind weder so blöd noch so schlau.«

Die Bereitschaft, den eigenen Fehler einzugestehen, trug wesentlich dazu bei, den Schaden für die Marke wiedergutzumachen und die Kundenbindung zu erneuern. Der Jahresbericht des Unternehmens hebt Goizuetas »einzigartigen Mut, seine Weisheit und seine Entschlusskraft« hervor. Dieses Urteil ist wohl nicht zuletzt dem Allzeithoch der Coca-Cola-Aktie zu Beginn des Jahres 1986 zu verdanken. Sicher wäre ihm nicht ganz so schnell vergeben worden, wären die Umsatzverluste anschließend nicht wieder kompensiert worden.

兵法

Sunzi spricht von der Großzügigkeit gegenüber den eigenen Leuten und von der Notwendigkeit, Strenge mit Belohnungen zu kompensieren: »*Plündern wir eine Gegend, so teilen wir die Beute unter unseren Männern auf; erobern wir neues Gebiet, weisen wir jedem seinen Teil zu.*«

Andere Interpreten der *Kunst des Krieges* könnten einwenden, dass es Meister Sun hier nicht um Belohnungen gehe, sondern darum, mittels der feindlichen Ressourcen die eigene Kampfstärke zu erhöhen. Von beiden Interpretationen gibt es Querverbindungen zur Wirtschaft. Wenn ein Unternehmen neues Terrain erobert oder seine Umsätze steigert, muss es diese Ressourcen nutzen, um das nächste Stadium zu erreichen. Und die Verteilung dieses Nutzens auf die Beteiligten ist eine vernünftige Geschäftsentscheidung.

Brad Hill startete seine Karriere, indem er als Berater für Managerbelohnungen arbeitete. Als solcher hatte er die Aufgabe, Aktienoptionspläne und andere Anreizsysteme für große Unternehmen zu entwerfen und immer neue Modelle zu konstruieren, wie die Reichen noch reicher werden konnten. Hill war es irgendwann leid, und er wandte sich dem entgegengesetzten Ende des Mitarbeiterspektrums zu. Unter dem Eindruck seines Großvaters, der, wie Hill erklärt, »in seiner Arbeit und in seinem Lebens niemals einen wirklichen Sinn gesehen hatte«, suchte er fortan nach Möglichkeiten, wie er solchen Menschen helfen konnte, die Bezahlung und die Wertschätzung zu erhalten, die sie verdienten.

Als er Premium Standard, einer Schweinefleischfabrik in Missouri, seinen ersten Besuch abstattete, erledigten die Arbeiter ihren freudlosen Job für 10 US-Dollar die Stunde. Niemand macht eine solche Arbeit länger, als er muss, und so waren jährliche

»Wie wichtig die Mitarbeiter an der Kundenfront sind, wird in den Belohnungssystemen der meisten Unternehmen nicht deutlich.«
KARL ALBRECHT

Fluktuationsraten von 200 Prozent in der Branche durchaus üblich.

In jedem Unternehmen, für das Hill tätig wird, bildet er ein »Designteam«. Nach einem theoretischen und praktischen Crashkurs in Gewinnbeteiligung beginnen diese Freiwilligen, neue Methoden der Mitarbeiterbewertung und -belohnung zu entwickeln. Außerdem lernen sie jonglieren, um auf diese Weise die Erfahrung zu machen, wie auch alte Hunde noch neue Tricks lernen können. Das Ergebnis bei Premium Standard war, dass sich die Mitarbeiterbindung verbesserte und die Fluktuation auf die Hälfte sank. Das Ziel ist stets die Einrichtung eines sich selbst finanzierenden Belohnungssystems und das wurde auch erreicht. Eine von Mitarbeitern initiierte Veränderung im Herstellungsverfahren brachte dem Unternehmen monatliche Einsparungen von über 13 000 US-Dollar und die Gesamtsumme der monatlichen Einsparungen betrug sogar 300 000 US-Dollar.

In einer Eisengießerei in Michigan gelang es, Fehlzeiten, Produktionsfehler und die Kosten für Überstunden zu reduzieren. Die Zahl der Beschwerden seitens der Gewerkschaften ging binnen sechs Monaten um über 90 Prozent zurück. Die »Beute« wurde unter den Beschäftigten verteilt, die wiederum ein Teil des Geldes, das sie bekamen, an Bedürftige in ihrem Umkreis weiterreichten – eine Win-win-Situation für jedermann.

Praxistipp

Wenn es in Ihrem Unternehmen bislang kein Modell zur Gewinnbeteiligung und Belohnung gibt, sollten Sie es sich zur Aufgabe machen, eines zu entwerfen. Bilden Sie ein Team aus Freiwilligen mit der Aufgabe, Möglichkeiten für sich selbst finanzierende Belohnungssysteme auszuloten. Eine einfache Lösung wäre es, Mitarbeiter um Verbesserungs- und Kosteneinsparungsvorschläge zu bitten. Jede erfolgreich umgesetzte Idee wird prozentual am Ertragszuwachs beteiligt oder mit einer Fixsumme belohnt.

兵法 Sunzi verweist auf ein früheres Militärbuch, aus dem er zitiert: »*Auf dem Schlachtfeld trägt das gesprochene Wort nicht weit genug – daher die Verwendung von Gongs und Trommeln.*« Hier geht es also um die Notwendigkeit einer klaren Kommunikation auf dem Schlachtfeld und die beste Art ihrer Umsetzung.

Nicht weniger wichtig ist eine klare Kommunikation in der Wirtschaft. Wenn ein Unternehmen die eigenen Fähigkeiten und Potenziale zur vollen Entfaltung bringen will, ist es auf funktionierende Kommunikationskanäle von ganz oben nach ganz unten und zurück angewiesen.

Betrachten wir das Beispiel Xerox. Im Jahr 1938 erfand Chester Carlson den ersten Kopierapparat und begründete damit eine neue Branche. Daraus entwickelte sich eine echte Erfolgsstory, wie sie höchstens noch mit Hoover vergleichbar ist. Der Herstellername Xerox ist synonym mit dem ursprünglich hergestellten Produkt und wird seither besonders in den USA häufig als Tätigkeitswort verwendet.

Als der Umsatz des Unternehmens im Jahr 1968 die 1-Milliarde-Dollar-Marke erreichte, begann der Erfolg auf dem Unternehmen wie ein Fluch zu lasten. Ganz gleich, welche Innovation es präsentierte – die Menschen weigerten sich, in ihm etwas anderes zu sehen als den Hersteller von Kopiergeräten. Die Lösung bestand in der Entwicklung einer gesonderten Forschungseinrichtung, und im Jahr 1970 eröffnete das Xerox Palo Alto Research Center (PARC).

Xerox PARC entwickelte Dutzende von Killer-Applikationen wie die Computermaus, das Ethernet und die grafische Oberfläche, die Apple später für den Mac übernahm, siehe Idee 16. Fairerweise muss man erwähnen, dass Xerox sich im Jahr 1975 die Finger verbrannte mit der Entwicklung des Xerox Data Systems, das kläglich scheiterte und 85 Millionen US-Dollar verschlang. Die einzige nennens-

»Sie können noch so brillante Ideen haben – wenn Sie sie nicht vermitteln können, nützen sie Ihnen gar nichts.«
Lee Iacocca

werte PARC-Erfindung, die es bis in die Xerox-Fabrikhallen schaffte, war der Laserdrucker. Warum? Mir fallen zwei Gründe ein. Erstens weigerte sich der Markt schlicht, Xerox außerhalb des angestammten Bereichs wahrzunehmen. Der zweite Grund betrifft die Kommunikation. Die Erfinder, die bei PARC arbeiteten, sprachen mit den Kopierspezialisten von Xerox, aber keine Seite verstand die andere. Nach der Geschichte mit Xerox Data Systems waren die Verantwortlichen bei Xerox offensichtlich nicht allzu

Jeden Tag verstreichen Chancen zum Geldverdienen und Geldsparen ungenutzt. Mitarbeiter mit entsprechenden Ideen erzählen niemandem davon, weil sie nicht wissen, wem sie es sagen sollen, oder weil sie nicht sicher sind, ob sie es überhaupt tun sollen. Führen Sie monatliche Brainstorming-Nachmittage ein, bei denen die Mitarbeiter ein Bier trinken und ganz ungezwungen Ideen entwickeln können, was sich im Unternehmensbetrieb verbessern ließe. Wie es bei Peter Drucker heißt: »Die wirklich wichtigen Dinge werden beim Longdrink so dahingeredet, aber niemals realisiert.«

geneigt, sich auf das Abenteuer von Neuerfindungen einzulassen. Zudem fehlte ihnen schlicht das Wissen und der Weitblick, um mit den Innovationen etwas anfangen zu können. Die Kommunikation zwischen den zwei Organisationen scheiterte und Milliardenchancen wurden vertan.

Vielleicht handelt es sich um eine Lektion in Sachen Selbsterkenntnis und Beschränkung auf die eigene Nische. Sicherlich gab es dort genug Geld zu verdienen, und hätte das Unternehmen nicht Millionen investiert, um etwas zu werden, was es nicht war, wären vermutlich auch Canon und IBM nicht auf die Idee gekommen, in Xerox' Markt zu wildern. Vielleicht aber zeigt uns dieses Beispiel auch, wie wichtig es ist, die richtigen Leute an Bord zu holen oder einfach etwas häufiger miteinander zu reden.

兵法

Meister Sun betont, wie wichtig es ist, geeignete Kommunikationsmethoden zu etablieren. Wenn das getan ist, bilden die Truppen eine Einheit, und »*so kann weder der Mutige allein vorpreschen noch der Feige allein zurückbleiben. So lassen sich große Armeen lenken.*«

In der Wirtschaft ist echter Fortschritt nur denkbar, wenn es gelingt, dass alle an einem Strang ziehen. Es bedarf einer gemeinsamen Zielvorstellung, wenn sich ein Unternehmen aus dem Meer der Mittelmäßigkeit herausheben will.

Ende der Neunzigerjahre hatte Motorola damit zu kämpfen, dass sich im Lauf der Jahre separate Machtbereiche herausgebildet hatten. Abgesehen von den sechs zentralen Unternehmensbereichen gab es Dutzende von Betriebseinheiten, die mehr oder weniger unabhängig agierten. Jede dieser Einheiten, deren Umsatz bis zu 1 Milliarde US-Dollar betrug, marschierte nach ihrem eigenen Rhythmus, hatte ihre eigenen Manager, schrieb ihre eigenen Bilanzen und betrieb eigene Abteilungen für Marketing und Produktentwicklung. Häufig ist Autonomie ein Garant für Kreativität und Konzentration, aber im Fall von Motorola erzeugte das hochgradig dezentrale Managementsystem zwei schwerwiegende Probleme. Erstens verminderte das Konkurrenzdenken zwischen den Einheiten die Bereitschaft zur Kooperation. Das zweite Problem hing damit zusammen, dass Motorola für die Motivation der Führungskräfte bereichsbasierte Anreize verwendete. Jeder Manager war für seine eigene Bilanz verantwortlich und wurde danach belohnt. Dieser Umstand wird häufig als Grund genannt, warum Motorola mit solcher Verspätung in das digitale Mobiltelefongeschäft einstieg. Motorolas Anreizsystem hätte die Manager für die unvermeidbaren Kosten bestraft, die sie mit dem Wechsel von der analogen zur digitalen Technik kurzfristig erzeugt hätten.

»Die Bereitschaft des Einzelnen, sich für die Gruppe zu engagieren, ist die wichtigste Voraussetzung dafür, dass eine Mannschaft, ein Unternehmen, eine Gesellschaft oder eine Zivilisation funktioniert.«
VINCE LOMBARDI

Wenn jeder seinen eigenen Rhythmus bestimmt, fällt es schwer, noch etwas Konstruktives herauszuhören. Das verstand auch Roger Nierenberg, von Beruf Dirigent, der ein neues Konzept für Führungskräfte entwickelte.

Das 1995 erstmals veranstaltete »Music Paradigm« verwendet ein Symphonieorchester als Metapher für ein dynamisches Unternehmen. Die Führungskräfte sitzen zwischen den Mitgliedern eines regulären Orchesters. Anhand einer Reihe von Übungen können sie die Parallelen zwischen

Wenn Abteilungen miteinander im Clinch liegen, liegt das häufig daran, dass beiden Seiten die Bedeutung der jeweils anderen für das Unternehmen nicht bewusst ist. Die Verkaufsabteilung ist mit der Versandabteilung unzufrieden, weil sie die Bestellungen nicht rasch genug bearbeitet; die Versandabteilung ist mit der Verkaufsabteilung unzufrieden, weil die Bestellformulare stets unvollständig ausgefüllt sind. Bringen Sie die Gruppen zusammen, und machen Sie deutlich, welche Rolle sie jeweils für die Ziele des Unternehmens spielen. Ein besseres Verständnis für die einzelnen »Instrumente« hilft bei der Verbesserung des Orchesterklangs.

der Leitung eines Orchesters und der Führung eines Unternehmens hautnah erleben. Wie der Dirigent die Musiker lenkt, muss der CEO seine Geschäftseinheiten und Teams lenken.

In einer Sitzung führt Nierenberg einen Manager aufs Dirigentenpult und trägt ihm auf, zuzuhören. Er protestiert: »Aber ich will dirigieren!« Worauf eine Frau aus dem Publikum ruft: »Da sehen Sie, womit ich es jeden Tag zu tun habe!« Alle lachen. »Music Paradigm« zählt mittlerweile viele namhafte Unternehmen zu seinen Kunden und scheint geeignet zu sein, das Bewusstsein von Unternehmen und Geschäftseinheiten dafür zu sensibilisieren, dass eine gemeinsame Zielvorstellung und ein enger Zusammenhalt große Dinge bewirken können.

兵法 Sunzi spricht über veränderte Bedingungen und darüber, wie wichtig es ist, sich auf alle Fährnisse einzustellen: »*Sind wir auch in der schwierigsten Situation bereit, mögliche Vorteile zu nutzen, so können wir uns womöglich aus dem größten Unglück befreien.*« Diese Fähigkeit wurzelt in einem starken Charakter; sie erlaubt es uns, aus Problemen Chancen zu machen.

Als Erin Brockovich in einen Autounfall verwickelt wurde, war es auch sonst mit ihrem Glück nicht weit her – nach zwei gescheiterten Ehen hatte sie drei Kinder und herzlich wenig Geld auf dem Konto. Bei ihrer Schadenersatzklage gegen den unachtsamen Fahrer ließ sie sich von dem Anwalt Ed Masry aus Los Angeles vertreten – und verlor. In ihrer Verzweiflung bat sie ihn um einen Job. Er stellte sie ein, und aus dem anfänglichen Missgeschick wurde ein so überwältigender Erfolg, dass Hollywood daraus einen Film mit Julia Roberts in der Hauptrolle machte.

Das Besondere an dieser Geschichte ist, dass Erin Brockovich nicht die einzige Gewinnerin blieb. Sie interessierte sich für den Fall einer kleinen kalifornischen Wüstenstadt namens Hinkley. Deren Einwohner, die alle in der Nähe eines von Pacific Gas & Electric (PG & E) betriebenen Kraftwerks wohnten, wurden von mysteriösen Krankheiten heimgesucht. Obwohl Brockovich keinerlei Erfahrung hatte, verfolgte sie den Fall hartnäckig. Masry begriff, dass sie eine Fährte gefunden hatte, und erhob Klage. Im Jahr 1996 unterzeichnete PG & E einen Vergleich über 333 Millionen US-Dollar. Das war nicht nur die höchste Vergleichssumme, die jemals in den USA in einem Fall von Umweltverschmutzung ausgehandelt wurde; es bedeutete zugleich, dass Hunderten von Familien, die aufgrund unternehmerischer Gleichgültigkeit ernsthaft Schaden genommen hatten, die Hilfe zuteil wurde, die sie verdienten.

Wer hätte vorhersagen können, dass ein Computerabsturz die Spezies der Management-

»Wenn das Schicksal dir eine Zitrone reicht, mach daraus eine Limonade.«
DALE CARNEGIE

Richten Sie Ihr Augenmerk auf einen »Rückschlag«, den Sie in der Vergangenheit erlitten, oder einen »Fehler«, den Sie gemacht haben, und beurteilen Sie diesen aus der Distanz noch einmal neu. Suchen Sie nach etwas Gutem, das sich daraus ergeben hat, entweder für Sie selbst oder für einen anderen. Vielleicht sind Sie einem wichtigen Menschen begegnet, haben eine wichtige Lektion gelernt oder eine andere Richtung eingeschlagen. Entscheidend ist niemals das Geschehen selbst, sondern was es für uns bedeutet.

gurus hervorbringen und einen McKinsey-Mitarbeiter zum Oberguru machen würde? John Larson vom McKinsey-Büro in San Francisco sollte einem Kunden eine Präsentation übergeben, aber weil sein Computer streikte, kam er nicht an sie heran. Einer seiner Kollegen, Tom Peters, hatte das zurückliegende Jahr damit verbracht, die Welt zu bereisen und nach Best-Practice-Beispielen abzusuchen. So schlug Larson nun Peters vor, sein Material zusammenzustellen und mit einem ansprechenden Titel zu versehen. Das Ergebnis war der Vorläufer des Bestsellers *Auf der Suche nach Spitzenleistungen* und Tom Peters wurde über Nacht zum Managementguru. Heute füllt er Vortragssäle in aller Welt und seine Werke stehen in ungezählten Bücherregalen.

Als diese Geschichte begann, wurden seine Forschungsergebnisse bereits langsam staubig. Er hatte sie zwar im Sommer 1977 den Zuständigen von McKinsey vorgestellt, aber seine Untersuchen waren vage und unzusammenhängend, und Peters war längst zu seinen normalen Beschäftigungen zurückgekehrt. Wäre Larsons Computer nicht abgestürzt, hätte möglicherweise niemand mehr ein Auge auf das Material geworfen, geschweige denn daraus eines der meist beachteten Managementbücher der Welt gemacht.

Wenn sich eine Chance präsentiert – durch welchen Zufall auch immer –, sollten Sie in jedem Fall zugreifen. Versuchen Sie, bei jedem Problem eine gute Seite zu entdecken, und verwandeln Sie es in eine Chance.

兵法

Meister Sun zufolge muss sich ein Heerführer vor fünf gefährlichen Fehlern hüten: »*Übermut, der Zerstörung bringt; Feigheit, die in die Gefangenschaft führt; hitziges Temperament, das leicht gekränkt ist; Ehrgefühl, das zur Scham neigt; übergroße Sorge um das Wohl seiner Soldaten, die ihn übervorsichtig macht*«.

Für sich genommen sind diese Eigenschaften noch nicht fatal, auch wenn dies im Einzelnen vom Ausmaß abhängt. Nehmen Sie das Beispiel von Nick Leeson und der Barings Bank. Leeson war eindeutig zu unbekümmert und übermütig und führte die Bank schließlich in den Ruin. Mit ihrem Alter von 233 Jahren hätte es die Barings Bank eigentlich besser wissen müssen, und so ist der Versuch, das eigene Scheitern ausschließlich einem »skrupellosen Händler« in die Schuhe zu schieben, vielleicht ein Beispiel für jene »*Feigheit*«, von der Sunzi spricht.

Als Teil der alten Garde brauchte Barings frische Kräfte, die mit den neuen Instrumenten der Weltfinanz vertraut waren, und da kam ihnen Nick Leeson gerade recht. Leeson zeigte Geschick im Umgang mit diesen komplexen Märkten und erklomm die Karriereleiter im Unternehmen im Eiltempo, bis er an die SIMEX in Singapur entsandt wurde, um dort im Prinzip Wetten auf die zukünftige Entwicklung der globalen Märkte abzuschließen. In seinem Buch *The Collapse of Barings* behauptet Stephen Fay: »Die Direktoren der Barings Bank verließen sich zunehmend auf Leute wie Nick Leeson, die sie kaum kannten, um in Märkten wie der SIMEX in Singapur Geld zu scheffeln.« Und Geld scheffelte er in der Tat: Seine Operationen warfen spektakuläre Renditen ab, die schließlich zehn Prozent des kompletten Betriebsgewinns der Bank ausmachten. Der Mittzwanziger und Sohn eines

»Machen Sie es sich zur Gewohnheit, Entscheidungen zu treffen, wenn Sie munter und frisch sind ... trüben Stimmungen nachzugeben, ist, wie wenn man die Führung einer Armee einem Feigling überträgt.«
CHARLES HORTON COOLEY

Stuckateurs aus Watford wurde als Held gefeiert – als »Michael Jordan des Parketthandels«. Niemand stellte die naheliegende Frage, wie es denn überhaupt möglich war, 10 Millionen US-Dollar in der Woche zu verdienen.

In einem letzten Versuch, die eskalierenden Verluste, die er geheim gehalten hatte, zu kompensieren, setzte Leeson auf eine Stärkung des japanischen Marktes. Zu seinem Pech hatte Mutter Natur jedoch andere Pläne; am 17. Januar 1995 wurde Kobe von einem gigantischen Erdbeben heimgesucht, das die Stadt und Barings in die Knie zwang. Die Verluste beliefen sich auf 860 Millionen britische Pfund – zu viel selbst für die Bank der Queen. Leeson floh, wurde aber später nach Singapur ausgeliefert, wo er wegen Betrugs zu sechseinhalb Jahren Gefängnis verurteilt wurde. In derselben Zeit verließ ihn seine Frau und es wurde bei ihm Darmkrebs diagnostiziert. Heute lebt er etwas ruhiger in Irland; im Jahr 2005 besann er sich auf seine Herkunft aus der Arbeiterklasse und wurde Manager beim Galway United Football Club. Barings ging unterdessen für genau ein britisches Pfund an ING.

Meister Sun warnt vor gefährlichen Fehlern aufgrund unangemessener Gefühle. Wer sich in seinen Entscheidungen von Wut, Feigheit, Hochnäsigkeit, Angst, Borniertheit oder übertriebener Rücksichtnahme leiten lässt, muss sich sein Scheitern selbst zuschreiben.

兵法

Sunzi sagt: »*Gedämpfte Worte und emsige Vorbereitungen deuten darauf hin, dass der Feind vorrücken wird. Heftige Worte und scheinbar vorwärtsgerichtete Bewegungen verraten einen Rückzug.*« Und er fügt hinzu: »*Wer anfangs vorprescht und anschließend erschrickt, beweist eine mangelnde Kenntnis der Lage.*«

Wenn Sie nach Bescheidenheit und Erfolg streben, sollten Sie nicht weiter schauen als bis Warren Buffett, das Orakel von Omaha. Buffett ist ein Mann des einfachen Geschmacks, wenngleich er der zweitreichste Mensch der Welt ist. In seiner Garage stehen keine Ferraris; er bevorzugt seinen neuen Cadillac. Sein altes Auto wurde – zusammen mit dem Nummernschild »THRIFTY« – im Jahr 2006 zu Benefizzwecken bei eBay versteigert. Buffett prahlt nicht mit seinen Erfolgen; die Resultate sprechen für sich selbst. Im Jahr 1964 kostete eine Aktie von Berkshire Hathaway 19,64 US-Dollar; am 25. August 2007 war dieselbe Aktie 119 850 US-Dollar wert! Er investiert nur in Dinge, von denen er etwas versteht, und legt seine Eier vorzugsweise in einen einzigen Korb. Anders als seine in Idee 34 beschriebenen Kollegen verdient Buffett nur Geld, wenn gleichzeitig auch seine Investoren Geld verdienen.

Am anderen Ende des Spektrums finden wir ein Unternehmen, das Buffett nicht einmal mit der Feuerzange anfassen würde …

Enron-CEO Jeffrey Skilling legte einfach auf, nachdem er der einzigen Journalistin, die den Mut hatte, Enron Fragen zu stellen, fehlende Moral vorgeworfen hatte. Bethany McLean schrieb ihren *Fortune*-Artikel – unter der Überschrift »Ist Enron zu hoch bewertet?« – dennoch zu Ende. Chairman Kenneth Lay versuchte vergebens, ihre Entlassung zu bewirken, und CFO Andrew Fastow flog nach New York, um sie zu einem Rück-

> »Demut ist ein Ausdruck von Stärke und nicht von Schwäche. Fehler zuzugeben und Gegenmaßnahmen zu ergreifen, stellt die höchste Form der Selbstachtung dar.«
> JOHN JAY MCCLOY

zieher zu drängen – Enron sei in bester Verfassung. Starke Worte im Vorfeld eines spektakulären Rückzugs. Fastow, der Mann im Zentrum einer kreativen Buchführung, die wesentlich zum Niedergang des Unternehmens beitrug, bekam gerade einmal zwei Jahre vor dem Kollaps den CFO Excellence Award des *CFO Magazine* zugesprochen. Damals lobte auch das *Chief Executive Magazine* Enron in höchsten Tönen, obgleich das Unternehmen bereits bis zum Hals in betrügerischen Aktivitäten verwickelt war.

Mitarbeiter wollen für das gemeinsame Unternehmensziel begeistert werden, aber wenn dabei zu dick aufgetragen wird und den Worten keine Taten folgen, besteht die Gefahr der Desillusionierung. Wenn Sie das nächste Mal eine Besprechung leiten, sollten Sie maximal 20 Prozent der Zeit für »Eigenwerbung« verwenden und die übrigen 80 Prozent der strategischen Diskussion und der Planung widmen, um auf diese Weise echte Fortschritte zu ermöglichen.

Elf von sechzehn Wall-Street-Analysten gaben noch Wochen oder sogar Tage vor dem Kollaps eine Kaufempfehlung für die Enron-Aktie ab. Ein Jahr vor der Bankrotterklärung am 2. Dezember 2000 erwirtschaftete das Unternehmen angeblich einen Ertrag von 100 Milliarden US-Dollar. Natürlich hatte McLean den richtigen Riecher, als sie Enron mit ihren Fragen konfrontierte, und nicht sie war es, die die ethischen Regeln missachtete.

Auch Freunde an höchster Stelle bewahrten Enron nicht vor dem Ende. Nach dem Zusammenbruch zögerte Präsident Bush keinen Augenblick, sich von Enron zu distanzieren. Zwei Jahre später lernte Bush seine eigene Lektion in Sachen Demut. Den Aufständigen im Irak, die die US-Kräfte attackierten, rief er entgegen: »Meine Antwort lautet: Sollen sie nur kommen!« – eine Aussage, die er später bereute und für die er sich im Jahr 2006 öffentlich entschuldigte. Wer vorschnell prahlt, beweist in der Tat eine *»mangelnde Kenntnis der Lage«.*

兵法　Meister Sun warnt mit Blick auf eine marschierende Armee: »*Der Anblick von Soldaten, die in kleinen Gruppen miteinander flüstern, deutet auf Spannungen unter den gewöhnlichen Soldaten hin.*« Aufgabe des Heerführers ist es, Unzufriedenheiten auszuräumen, bevor sie den gesamten Feldzug gefährden.

Manch ein verärgerter Mitarbeiter fiedelt, während Rom brennt. Wenn Mitarbeiter das Vertrauen in ihre Führungskräfte verlieren, tun sie häufig ganz andere Dinge als die, die man von ihnen erwartet. Achten Sie sorgfältig auf Zeichen der Unzufriedenheit in den eigenen Reihen, und sorgen Sie für ein Forum, in dem Probleme zur Sprache kommen können, damit der Geschäftsbetrieb erfolgreich weitergehen kann.

Im Jahr 1999 übernahm Carly Fiorina den CEO-Posten von Hewlett Packard. Sie war die erste Person an der Spitze, die nicht aus dem Unternehmen stammte, und sie hatte die höchste Stelle inne, die eine Frau in den USA überhaupt hatte. Von diesen beiden Herausforderungen erwies sich die erste als die schwierigere. Manche Kreise betrachteten zwar Frauen in Führungspositionen mit großem Misstrauen, aber sie hatte ihre Fähigkeiten bereits hinlänglich unter Beweis gestellt.

Binnen kürzester Zeit sah sie sich mit dem größten Hindernis überhaupt konfrontiert: einer skeptischen Belegschaft. Manager und Beschäftigte stellten sich niemals offen gegen ihre Veränderungspläne; sie verabredeten vielmehr untereinander, welche Anweisungen sie befolgen würden und welche nicht. In öffentlichen Foren schien Fiorina Unterstützung zu gewinnen, aber das betraf eben häufig nur die Fassade. Manager modifizierten Zielvorgaben und verlängerten Fristen »auf ein vernünftiges Maß«. Kein Wunder, dass von ihrer Vision am Ende wenig übrig blieb und an eine Verwirklichung ihrer Ziele nicht zu denken war. Der Widerstand war subtil, mit der Folge, dass Fiorina häufig nichts davon

»Wenn die Augen eine Sache sagen und die Zunge etwas anderes, verlässt sich ein erfahrener Mann auf die Ersteren.«
RALPH WALDO EMERSON

wusste, bis es zu spät war. Es gab keine erklärten Gegner, sondern nur ein System, das sich von Externen nicht verändern lassen wollte. Und noch dazu von einer Frau!

Vermutlich wird man sie im Rückblick in erster Linie mit der 20-Milliarden-Dollar-Übernahme des Erzrivalen Compaq Computer in Verbindung bringen. Es war eine Schlacht, die sie gegen eine verbissene Opposition aus Aktionären – zu denen auch die Gründererben gehörten –, Beschäftigten und Kunden focht und gewann. Ihr Direktorengremium stand ihr jedoch zur Seite und deckte den Deal, an dem sie eisern festhielt. Die Idee war, dass eine Übernahme von Compaq den Zugang zu höhermargigen Dienstleistungen gewährleisten sowie die Möglichkeit schaffen würde, HP-Produkte entlang der kompletten Wertkette vom Computer über den Drucker bis zur Tinte zu verkaufen. Der Zusammenschluss wurde vollzogen und eine Weile stand Fiorina an der Spitze des weltweit größten Unternehmens. Aber die damit verknüpften Erwartungen wurden nicht erfüllt und Fiorina wurde zum Rücktritt aufgefordert. Allzu schlimm traf es sie jedoch nicht – die Abfindung betrug 21 Millionen US-Dollar.

Fiorina schaffte es nicht, genügend Leute von ihren Zielen zu überzeugen und dem Gemauschel der Unzufriedenen einen Riegel vorzuschieben. Und mehr als alles andere war vielleicht das ihr Verderben.

Wenn Sie den Verdacht haben, dass Ihr Plan nicht realisierbar ist oder in den eigenen Reihen zu viel Widerstand existiert, sollten Sie das Thema in einem öffentlichen Forum zur Sprache bringen und den Mitarbeitern vorschlagen, sich mit ihren Sorgen an Sie zu wenden. Bloßes Lamentieren sollten Sie nicht erlauben; wer Einwände hat, sollte sie – notfalls anonym – formulieren und zusammen mit einem konstruktiven Lösungsvorschlag äußern. Prüfen Sie sämtliche Vorschläge und setzen Sie die guten um.

兵法

Sunzi erklärt: »*Allzu häufige Belohnungen zeigen, dass der Feind in Bedrängnis ist. Allzu häufige Strafen zeigen, dass er in Not ist.*« **Wenn eine Armee zu übertriebenen Belohnungen oder übertriebenen Strafen Zuflucht nimmt, ist dies ein Anzeichen für bevorstehendes Unheil.**

Während es schwerfällt, Beispiele für exzessive Strafen im Unternehmenskontext zu finden, herrscht an exzessiven Belohnungen kein Mangel.

Ohne die Flut von Unternehmenszusammenbrüchen, zu denen auch Enron und WorldCom gehörten, hätte das Scheitern des Telekommunikationsnetzwerks Global Crossing möglicherweise etwas mehr Furore gemacht. Als das Unternehmen am 24. Januar 2002 Konkurs anmeldete, achtete kaum jemand darauf – trotz eines Verlusts von 7 Milliarden US-Dollar. Im Vorfeld des Kollapses hatte Chairman Gary Winnick Aktien im Wert von 734 Millionen US-Dollar verflüssigt.

Neben hochrangigen politischen Kontakten, einer behaupteten Vorliebe für das Schreddern belastender Dokumente und Arthur Andersen als Wirtschaftsprüfer hatten Global Crossing und Enron noch ein paar mehr Sachen gemein – namentlich den fundamentalen Mangel an ethischen Grundsätzen. Enron-Chairman Kenneth Lay drängte Unternehmensbeschäftigte zum Kauf der Enron-Aktie, während er privat nur wenige Wochen vor dem Zusammenbruch eigene Aktienbestände im Wert von 108 Millionen US-Dollar abstieß. Jeffrey Skilling trat am 14. August 2001, nur drei Monate, bevor das Unternehmen in die Schlagzeilen geriet, vom Posten des CEO zurück. In den zurückliegenden drei Jahren hatte er 152 Millionen US-Dollar verdient, was ihm aber offensichtlich nicht reichte, denn nur einen Monat nach seinem Abschied verkaufte er weitere 500 000 Anteile im Wert von 15 Millionen US-Dollar.

Im Fall von WorldCom genehmigte das Direktorengremium Kredite in Höhe von 408 Millionen US-Dollar an CEO Bernie Ebbers, die dieser

»Zeigen Sie mir einen Kapitalisten und ich zeige Ihnen einen Blutsauger.«
Malcolm X

nicht zurückzahlte. Nach einer Klage von Aktionären wurde ihm jedoch eine Teilrückzahlung auferlegt.

Ein Teil des Problems mit den exzessiven Belohnungen resultiert daraus, dass Topmanager zwischen sich und den von ihnen geführten Unternehmen keinen Unterschied machen. Tyco-CEO Dennis Kozlowski beispielsweise fand nichts dabei, leidenschaftliche Reden über die Notwendigkeit eines ethischen Verhaltenskodexes in der Wirtschaft zu schwingen und gleichzeitig die Firmenkasse für mehr als nur den täglichen Bürobedarf zu nutzen – etwa für eine viele Millionen Dollar teure Kunstsammlung oder ein dreizehn Räume zählendes Fifth-Avenue-Apartment. Kozlowski und der ehemalige CFO Mark Swartz wurden in 38 Fällen der Entwendung von insgesamt 170 Millionen US-Dollar unmittelbar aus der Firmenkasse und des Aktienbetrugs über weitere 430 Millionen US-Dollar überführt.

All dies sind Beispiele für die verbreitete Unsitte von Belohnungen, die die Unternehmen sich gar nicht leisten können – und für die stets die Beschäftigten und die Aktionäre bezahlen. Exzessive Belohnungen sind ein untrügliches Zeichen von ernsthaften Problemen.

Überlegen Sie, ob Sie nicht im Rahmen Ihres sich selbst finanzierenden Gewinnbeteiligungssystems (siehe Idee 27) einen Spontanhilfefonds einrichten. Jeder in Ihrem Unternehmen kann Vorschläge machen, wie der Fonds mit kleinen Aufmerksamkeiten einem Kollegen oder jemandem im Umfeld des Unternehmens unter die Arme greifen kann. Vielleicht feiert jemand seinen Hochzeitstag oder ein Kollege kämpft mit finanziellen Schwierigkeiten. Anderen helfen zu können, ist häufig erfüllender, als egoistische Bedürfnisse zu befriedigen, und es fördert den Gemeinschaftsgeist am Arbeitsplatz.

兵法

Meister Sun spricht häufig von Täuschung und warnt davor, sich vom Feind täuschen zu lassen und seine Fähigkeiten herunterzuspielen. *»Wer unvorsichtig ist und den Feind unterschätzt, dem droht eine Niederlage.«* Es ist wichtig, den Feind richtig zu beurteilen und sich dabei nicht von Vorurteilen und Annahmen leiten zu lassen.

Es fällt nicht schwer, sich die Reaktion der Beschäftigten von GlaxoSmith-Kline (GSK) vorzustellen, als sie erstmals mit den Forschungsergebnissen zweier vierzehnjähriger neuseeländischer Schülerinnen konfrontiert wurden. In einem naturwissenschaftlichen Experiment hatten Anna Devathasan und Jenny Suo vom Pakuranga-College ihre bevorzugten Fruchtsaftgetränke – darunter auch Ribena – auf ihren Vitamin-C-Gehalt hin untersucht. Ribena, ein viel verkaufter Saft aus Schwarzen Johannisbeeren, gehört seit Langem zu den Lieblingsgetränken von Kindern aus aller Welt, woran die für Eltern beruhigende Produktinfo »Die schwarzen Johannisbeeren in Ribena enthalten viermal so viel Vitamin C wie Orangen« mit Sicherheit nicht unbeteiligt war.

Nach den Ergebnissen des Experiments zu urteilen, enthielt Ribena jedoch fast überhaupt kein Vitamin C. Die Schülerinnen wandten sich an das Unternehmen, um es dazu zu befragen, aber sie wurden abgewimmelt. Suo sagte: »Als wir [auf Brief und E-Mail] keine Antwort erhielten, griffen wir zum Telefon, aber weil wir erst vierzehn waren, wurden wir nicht ernst genommen.«

Die Mädchen ließen sich nicht einschüchtern und trugen ihre Beobachtungen der Advertising Standards Authority und *Brandpower* vor, aber erst als die TV-Verbrauchersendung *Fair Go* die Story aufgriff und den Mädchen vorschlug, sich an die Unternehmensaufsicht zu wenden, kam Schwung in die Angelegenheit. Die neuseeländische Commerce Commission nahm sich des Falles an und im März 2007 wurde

»Hüte dich vor dem Wolf im Schafspelz.«
Volksweisheit

GSK unter den Augen der von
der Galerie aus zuschauenden,
mittlerweile 17-jährigen Mädchen wegen Verletzung des Fair
Trading Act zu einer Geldstrafe
von umgerechnet 123 000 Euro
verurteilt. GSK, der weltweit
zweitgrößte Lebensmittel- und
Pharmakonzern mit einem globalen Jahresumsatz von über
61 Milliarden Dollar, bekannte
sich in fünfzehn repräsentativ
herausgegriffenen Fällen für
schuldig, die Verbraucher hinsichtlich des Vitamingehalts

Analysieren Sie Ihre wichtigsten drei Wettbewerber. Notieren Sie drei Stärken, die sie von ihren Rivalen – Sie eingeschlossen – unterscheiden, und drei Schwächen. Bestimmen Sie die wichtigste Stärke, und überlegen Sie zusammen mit Ihrem Managementteam, wie Sie Ihre Leistung in diesem Punkt verbessern. Bestimmen Sie die wichtigste Schwäche, und überlegen Sie, wie Sie von der Schwäche Ihrer Gegner profitieren können. Können Sie mittels Ihrer Werbung die Aufmerksamkeit der Kunden auf die Schwächen Ihrer Rivalen lenken?

von Ribena getäuscht zu haben. Das australische Zweigunternehmen von GSK bekannte sich ebenfalls zu seiner Verantwortung, und die falschen Behauptungen verschwanden aus der TV-Werbung und von den Etiketten.

Es ist unmöglich zu sagen, wie viel das Unternehmen auf der Grundlage jener falschen Behauptungen verdient hat. Über die Jahre wird es sicherlich mehr gewesen sein als die Strafe, die es schließlich dafür aufgebrummt bekam. Dennoch erinnert uns die Geschichte daran, dass wir unseren Gegner niemals unterschätzen sollten – besonders dann nicht, wenn er im Recht ist und es beweisen kann.

Der McLibel-Fall, über den wir in Idee 11 sprachen, ist ein weiteres Beispiel für ein großes Unternehmen, das seinen Gegner unterschätzte. McDonald's hatte die Rechnung ganz offensichtlich ohne das Internet und dessen Möglichkeiten gemacht, eine Protestbewegung gegen eine globale Marke zu organisieren.

兵法 Sunzi rät: »*Binde die Soldaten mit Menschlichkeit an dich und führe sie mit eiserner Disziplin. So wird dir der Sieg sicher sein.*« Wenn ein Heerführer seine Truppen straft, bevor er ihre Loyalität gewonnen hat, sind sie ebenso nutzlos, wie wenn er sich zu weich zeigt.

Wenn eine Führungskraft eine allzu harte Hand hat und sich nicht zuerst die Achtung der Mitarbeiter erwirbt, werden sie ihr nicht oder, wie Carly Fiorina erfahren musste, nur zum Schein folgen. Wenn umgekehrt eine Führungskraft von ihren Mitarbeitern verehrt wird, aber keine Strenge walten lässt, ist das Ergebnis ebenfalls unproduktiv. Wichtig ist es, die Balance zwischen beidem zu finden.

In Idee 4 sprachen wir über Jack Welch. Aus dem, was über ihn geschrieben wurde, wird deutlich, dass er mit der Disziplin keine Schwierigkeiten hatte. Aber was ist mit der anderen Seite der Gleichung?

Nach dem massiven Stellenabbau bei General Electric musste das Unternehmen neu aufgebaut werden. Professor Kirby Warren von der Columbia University soll Welch gefragt haben, wie er denn nun die Arbeit von GE zu reduzieren gedenke, nachdem er so viele Menschen aus dem Unternehmen geworfen hatte. Welch setzte auf das Work-out-Konzept und beauftragte ein paar namhafte Akademiker und Unternehmensberater mit seiner Ausarbeitung.

Die Idee war einfach. Gruppen von 40 bis 100 Beschäftigten aller Ebenen finden sich zu informellen Sitzungen zusammen, um Geschäftsprobleme zu besprechen. Der Chef eröffnet die Sitzung mit einem Rückblick, schlägt eine Tagesordnung vor und verlässt den Raum. Die Anwesenden bilden anschließend kleine Grüppchen, in denen sie, unterstützt von speziellen Moderatoren, einzelne Aspekte des Problems erörtern. Gegen Ende der Sitzung kehrt der Chef zurück, um sich die Vorschläge anzuhören; er darf lediglich zustimmen, ab-

»Sagen Sie den Leuten niemals, wie sie etwas tun sollen. Sagen Sie ihnen, was zu tun ist, und Sie werden von ihrer Genialität überrascht sein.«
GENERAL GEORGE S. PATTON

lehnen oder weitere Informationen anfordern. In letzterem Fall muss der Chef ein Team damit beauftragen und einen Termin für die abschließende Entscheidung bestimmen.

Wenden Sie das Work-out-Prinzip auf ein Problem an, das Ihnen gegenwärtig den Schlaf raubt. Erklären Sie Ihren Mitarbeitern das Konzept. Geben Sie ihnen einen Überblick über die Situation, die Schwierigkeiten und das gewünschte Ergebnis. Verlassen Sie sodann den Raum. Lassen Sie sich anschließend die Lösungsvorschläge präsentieren und entscheiden Sie spontan über Annahme, Zurückweisung oder Bitte um weitere Informationen. Beteiligen Sie Ihre Mitarbeiter – vielleicht finden sie Lösungen, an die Sie im Leben nicht gedacht hätten.

»Work out« steht für die unerbittliche Suche nach Verbesserungsmöglichkeiten jeder Art; es bietet den Beschäftigten die Möglichkeit, ihr eigenes Arbeitsleben dramatisch zu verändern.

Die als großer Erfolg gefeierte Methode trug dazu bei, das im Rahmen der Umstrukturierung zerstörte Vertrauensverhältnis wieder herzustellen. Die GE-Mitarbeiter wurden in den Veränderungsprozess aktiv einbezogen, sodass sie dazu beitragen konnten, ihre Arbeitsbedingungen zu verbessern und das Unternehmen insgesamt zu stärken. Das Ergebnis war, dass 180 000 Mitarbeiter weniger 5,65 Milliarden US-Dollar mehr erwirtschafteten. *Industry Week* verkündete im Jahr 1999: »Der größte Buhmann des letzten Jahrzehnts ist der größte Firmenlenker dieses Jahrzehnts.«

Jack Welch ist es also gelungen, die Balance zwischen Menschlichkeit und Disziplin, die Meister Sun schon vor 2500 Jahren gelobt hat, zu finden.

兵法

An mehreren Stellen wird in der *Kunst des Krieges* darauf hingewiesen, wie wichtig es ist, die eigenen Leute gut zu behandeln. Hier nun unterstreicht Sunzi die Vorteile des Vertrauens: *»Beweist der Heerführer Vertrauen in seine Männer und besteht er zugleich auf der Befolgung seiner Befehle, dann haben beide Seiten ihren Nutzen davon.«*

In Idee 3 sprachen wir über die beispielhaften Führungsqualitäten eines Ricardo Semler. Semler hat so gut wie alle bekannten Regeln der Unternehmensführung gebrochen und gerade deshalb (nicht etwa trotzdem) ein außergewöhnliches Unternehmen geschaffen. Was ihn von anderen unterscheidet, ist sein grenzenloses Vertrauen in seine Mitarbeiter.

Semler gehört zu jener äußerst seltenen Spezies von Führungspersönlichkeiten, die ihren Mitarbeitern wirklich vertrauen. Natürlich müssen die Mitarbeiter produzieren, was gebraucht wird, aber wie und wo sie das tun, bleibt ganz ihnen überlassen.

Es gibt nicht viele Orte auf der Welt, wo Beschäftigte ermuntert werden, »durch den Tag zu wandern« und die persönliche Herausforderung und Zufriedenheit vor die Erfüllung der Unternehmensziele zu stellen. Dahinter steht jedoch strenges Kalkül. Die meisten Menschen sehnen sich danach, gebraucht zu werden; sie wollen einen wertvollen Beitrag leisten und mit ihrer Meinung gehört werden. Das sind elementare menschliche Bedürfnisse, die jedoch in den meisten Unternehmen nicht wohlgelitten sind.

Semler begreift, was anscheinend nur wenige wissen – Menschen sind Menschen und keine Maschinen. Als solche haben sie persönliche Vorlieben, Hobbys und Verantwortlichkeiten, die ihnen genauso viel oder sogar mehr bedeuten als ihre Arbeit. Semler hat einige Initiativen institutionalisiert, die sich ernsthaft mit der Frage der Balance zwischen Arbeit und Leben auseinandersetzen. Ein Beispiel dafür ist Semcos Programm »Re-

»Was wir mit fester Überzeugung erwarten, wird zu unserer eigenen sich selbst erfüllenden Prophezeiung.«
BRIAN TRACY

Gehen Sie an Ihr nächstes Projekt einmal etwas anders heran. Anstatt Ziele festzuschreiben und unambitionierten Mitarbeitern Aufgaben zuzuweisen, könnten Sie ein Treffen einberufen und Ihren Leuten etwas über Semler und seine innovativen Geschäftsmethoden erzählen. Erklären Sie das Projekt und seine Fristen und Ziele. Fordern Sie sodann zu Fragen und zu freiwilliger Mitarbeit auf. Räumen Sie die Möglichkeit ein, bestehende Aufgaben mit Kollegen zu tauschen, falls erforderlich, und improvisieren Sie alles Übrige. Diskutieren Sie dieses Vorgehen mit Ihren Mitarbeitern.

tire a little«, das bei der Absurdität des üblichen Lebensverlaufs ansetzt, wonach wir dann, wenn wir körperlich fit sind und auf Berge klettern, für Marathons trainieren oder mit unseren kleinen Kindern zusammen sein wollen, nicht das Geld und die Zeit dazu haben. Wenn wir hingegen ausreichend Geld und Zeit haben, sind die Kinder schon aus dem Haus. Die Mitarbeiter können sich deshalb so viel »frühen Ruhestand« kaufen, wie sie wollen.

So kann jemand beispielsweise entscheiden, die Mittwoche vom Unternehmen zurückzukaufen, um mehr Zeit mit seinen kleinen Kindern verbringen zu können. Er würde etwas weniger Gehalt, aber dafür sehr viel mehr Freiheit bekommen. Und es geht noch besser: Wer ins Rentenalter kommt, erhält vom Unternehmen Gutscheine entsprechend der Zahl der Tage, die er zuvor im Rahmen des Programms »Retire a little« freigenommen hat. Er kann die Gutscheine jetzt einlösen, indem er die Tage dem Unternehmen wieder verkauft. Eine brillante Idee – der Rentner kann sich zusätzliches Geld verdienen und weiterhin seinen Beitrag leisten, und das Unternehmen behält Zugang zu seinem Expertenwissen. Eine wahre Win-win-Situation!

兵法

Meister Sun stellt fest: »*Ist der Heerführer schwach und ohne Autorität, sind seine Befehle widersprüchlich, haben Offiziere und Soldaten keine klaren Zuständigkeiten und verlaufen die Reihen kreuz und quer, dann kommt es zum Chaos.*« Ordnung ist für den Sieg unerlässlich.

Als Philip N. Diehl im September 1994 die Leitung der United States Mint übernahm, galt diese Behörde als Paradebeispiel für staatliche Bürokratie. Ineffizienz gepaart mit Gleichgültigkeit war das Kennzeichen eines trägen Riesen ohne Autorität und Richtung. Die Hauptaufgabe dieser Bundesbehörde war die Prägung des US-Dollars. Sie hatte sicherzustellen, dass jederzeit genügend Münzgeld im Umlauf war. Die Desorganisation der Behörde war jedoch so groß, dass in Wahrheit niemand wusste, wie viele Münzen sich in ihren Lagern befanden.

Diehl hatte den Auftrag, mehr Orientierung in die mehr als 200-jährige Institution zu bringen. Sein Ansatz war von perfekter Ausgewogenheit: Er kam nicht mit vorgehaltener Waffe und er operierte weder mit großen Versprechungen noch mit wilden Drohungen. Er begnügte sich vielmehr mit stetigen kleinen Veränderungen im Verlauf seiner sechsjährigen Amtsperiode. Er pflegte einen strengen, aber zugleich respektvollen Führungsstil und erteilte seiner Behörde klare und verständliche Anweisungen. Pflichten wurden einzelnen Personen zugewiesen, und die Leistungsstandards wurden schrittweise angehoben. Bei seinem Amtsantritt erhielten beispielsweise nur 50 Prozent der Münzsammler ihre Bestellungen innerhalb von acht Wochen. Diehl bezeichnete es als eine der wichtigsten Lektionen, die er gelernt habe, dass man innerhalb und außerhalb einer Organisation ein unglaubliches Maß an Vertrauen aufbauen kann, indem man ein Problem identifiziert, das den Kunden wirklich am Herzen liegt, und sich öffentlich zu der Absicht bekennt, dieses Problem lösen zu wollen. Unter

»Es ist mein Wunsch, Großes und Edles zustande zu bringen, aber es ist meine erste Pflicht, Kleines so auszuführen, als handelte es sich um etwas Großes und Edles.«
Helen Keller

seiner Leitung wurden die Versandzeiten auf zwei Wochen reduziert. Mit dem Programm »50 State Quarters« zog er eine neue Generation von Sammlern heran und steigerte so die Einnahmen. Wie Diehl sagt: »Großes erreicht man, indem man viele kleine Dinge tut.«

Tun Sie es der United States Mint gleich. Bestimmen Sie ein Problem im Zusammenhang mit Ihrem Produktangebot, das Ihren Kunden am Herzen liegt. Betonen Sie öffentlich Ihre Entschlossenheit, das Problem zu lösen, und ruhen Sie nicht eher, bis Sie es auch wirklich gelöst haben. So richten Sie die Aufmerksamkeit automatisch auf das, was am meisten zählt – das Kundenerlebnis.

Solange eine Organisation nur eine schwache oder gar keine Führung hat, fällt es den Beschäftigten schwer, ihren Platz zu finden und die Bedeutung ihrer Tätigkeit zu erkennen. Entsprechend schleppend und unorganisiert vollzieht sich das Alltagsgeschäft.

Das heißt nicht, dass die Mitarbeiter über jede Sekunde ihres Arbeitstages Rechenschaft ablegen sollten. 3M beispielsweise führte im Bemühen, die innovativen Kräfte des Unternehmens freizusetzen und Nachfolgeideen für seine Post-it-Haftzettel zu entwickeln, eine 15-Prozent-Regel ein, wonach die Beschäftigten 15 Prozent ihrer Arbeitszeit damit verbringen sollten, außerhalb ihres angestammten Tätigkeitsbereichs mit der Suche nach kreativen Ideen zu verbringen, aus denen sich möglicherweise neue Geschäftsbereiche entwickeln ließen.

Die Mitarbeiter müssen wissen, wohin sie gehören und was von ihnen erwartet wird, damit sie nicht die Orientierung verlieren – zum Schaden des Unternehmens. Verbinden Sie feste Zuständigkeiten mit der Freiheit, innovative Wege zu gehen, damit die Mitarbeiter Zuversicht entwickeln und ihre Ideen dem Unternehmen zugänglich machen.

兵法 »*Betrachtest du deine Soldaten als deine Kinder, so werden sie dir ins tiefste Tal folgen*«, sagt Sunzi. »*Siehst du in ihnen deine geliebten Söhne, so werden sie bis in den Tod an deiner Seite bleiben.*« Soldaten, die gut behandelt werden, kämpfen treu und leidenschaftlich.

Warum sind wir immer noch beeindruckt und überrascht, wenn wir Geschichten darüber lesen, wie Unternehmen florieren, wenn sie ihre Angestellten gut behandeln? Unternehmen wie Semco und SRC gelten als Ausnahmeerscheinungen, und dennoch sagt uns der gesunde Menschenverstand, dass ihr Ansatz alles andere als verkehrt ist. Aber der konfrontative Managementstil ist immer noch der verbreitetere – trotz seiner offensichtlichen und signifikanten Nachteile.

Vielleicht reduziert sich das Problem wirklich darauf, die eigenen Soldaten so zu behandeln, als wären es die eigenen Kinder. Die »Vetternwirtschaft« wird häufig negativ gesehen, aber es gibt sehr erfolgreiche Unternehmen, die bewusst versuchen, eine echte Familienatmosphäre zu erzeugen.

Southwest Airlines ist voll von realen Familien – verheirateten Paaren, Eltern, Kindern und Geschwistern. Das Unternehmen kann nicht genau sagen, wie viele Verwandtschaftsbeziehungen zwischen seinen Mitarbeitern bestehen, aber laut den »Fun Facts« auf der Unternehmenswebsite gibt es über 1000 verheiratete Paare. Mitarbeiter werden aktiv ermuntert, Familienmitglieder an das Unternehmen zu empfehlen. Die einzige Regel lautet, dass ein Familienmitglied nicht des anderen Vorgesetzter sein darf.

Zu nennen ist hier auch Quad/Graphics, das drittgrößte Druckunternehmen Nordamerikas, mit einem Umsatz von mehr als 2 Milliarden US-Dollar. Hier ist die »Vetternwirtschaft« vermutlich am stärksten ausgeprägt – über 55 Prozent der Mitarbeiter sind miteinander verwandt. Quad/Graphics hat offensichtlich die richtige Balance ge-

»Gleich und Gleich gesellt sich gern.«
SPRICHWORT

Wenn Sie in Ihrem Unternehmen eine Stelle zu besetzen haben, können Sie Ihre besten Mitarbeiter um Vorschläge bitten. Suchen Sie in Ihrem Unternehmen oder in Ihrer Arbeitsgruppe nach Mitarbeitern mit einer gewinnenden Art, die zuverlässig Spitzenleistung erbringen und ihre Treue und Einsatzbereitschaft gegenüber dem Unternehmen bewiesen haben. Fragen Sie sie, ob sie Familienangehörige, Freunde oder Bekannte haben, die als Kandidaten infrage kommen. Wenn Sie keine zuverlässigen Leistungsträger haben, die Sie fragen können, haben Sie ein großes Problem.

funden zwischen kommerziellem Erfolg, der Schaffung einer für die Mitarbeiter angenehmen Arbeitsatmosphäre und der Einstellung der richtigen Leute unabhängig davon, mit wem sie verwandt sind. Quad/Graphics wurde von *Fortune* in den Jahren 2006 und 2007 zu einem der »hundert besten Arbeitgeber« erklärt. Das Unternehmen errichtete sogar für 5 Millionen US-Dollar einen Gebäudekomplex mit erschwinglichen Wohnungen für seine Beschäftigten, die zudem die Möglichkeit bieten, dass die Familienmitglieder nicht immer zusammen sein müssen. Zusammen zu leben und zu arbeiten, bringt mitunter seine eigenen Probleme mit sich.

Die Theorie ist einfach: Wenn Mütter oder Väter eine gute Arbeitsmoral zeigen und ihre Arbeit gut machen, ist die Wahrscheinlichkeit groß, dass sie dieselben Werte auch an ihre Kinder weitergeben. Manche sagen, dass eine solche Umgebung die Aufrichtigkeit fördert. Bei Southwest beispielsweise hat es schon Mitarbeiter gegeben, die dem Unternehmen offen davon abrieten, ihre Kinder einzustellen.

Obwohl Sunzi sich einer metaphorischen Sprache bedient, wird klar, dass er uns empfiehlt, unsere Mitarbeiter gut zu behandeln. Wenn diese sich gut behandelt fühlen, werden sie uns dies mit einer Treue und einer Einsatzbereitschaft danken, wie sie für Familienbeziehungen charakteristisch sind.

兵法 Meister Sun empfiehlt, die eigenen Leute gut zu behandeln, warnt aber: »*Bist du nachsichtig und gutherzig, aber ohne Autorität und Durchsetzungskraft, und hast du deine Armee nicht unter Kontrolle, so werden deine Soldaten wie verhätschelte Kinder sein und du kannst sie nicht gebrauchen.*«

Im Wirtschaftskontext sagt uns bereits der gesunde Menschenverstand, dass wir unsere Leute gut behandeln und Leistung belohnen müssen. So wichtig es ist, einen Führungsstil zu vermeiden, der zwischen uns und unseren Leuten einen Graben aufwirft, sollten wir die Grenze zwischen Ermunterung zu guter Leistung und übertriebener Nachsichtigkeit nicht übertreten. Einer, der kein Problem damit hat, seine Autorität zur Geltung zu bringen und Unordnung gar nicht erst aufkommen zu lassen, ist Rupert Murdoch.

Murdoch erbte *Adelaide News* und *Sunday Mail* im Jahr 1952 von seinem Vater, aber er hatte viel größere Ambitionen als dieser. Im Jahr 1964 gründete er den *Australian* und versprach, »die Welt über Canberra und Canberra über die Welt zu informieren«. Ende der Sechzigerjahre hatte er seine Position in Australien gefestigt und sah sich nach neuen Betätigungsfeldern, insbesondere in Großbritannien, um.

Wie in Idee 46 beschrieben, kaufte er die *News of the World*. Anschließend erwarb er im Jahr 1969 die *Sun*. Weder die eine noch die andere zeichnet sich durch hohe journalistische Ansprüche oder intellektuelle Höhenflüge aus, aber beide sind mittlerweile lukrative Bestandteile des Murdoch-Imperiums. Zum Schrecken des Establishments kaufte er dann auch noch die *Times*. Wenn er seine Medienhäuser rentabler gestalten und seine Weltdominanz in diesem Bereich ausbauen wollte, musste er den Herstellungsprozess modernisieren und die Macht der Gewerkschaften brechen.

Und genau das tat er. Als er in Wapping im Norden Londons eine Druckerei errichtete, die

»Reiche jemandem den kleinen Finger und er nimmt die ganze Hand.«
SPRICHWORT

Legen Sie *vor* Beginn eines Projekts klare Regeln für Belohnungen fest. Holen Sie die richtigen Leute in Ihr Team, und sorgen Sie dafür, dass jeder weiß, was von ihm erwartet und wie seine Leistung gemessen wird. Weisen Sie jedermann auf die Belohnungen und auf die Konsequenzen von Leistung beziehungsweise ausbleibender Leistung hin, und halten Sie Wort. Sie brauchen kein Unmensch zu sein, um in der Wirtschaft Erfolg zu haben, aber Sie müssen gerecht sein.

ohne gewerkschaftlich organisierte Arbeitskräfte auskam, brach ein regelrechter Krieg aus. Weder Streikposten noch ein zunehmend gewalttätiger Arbeitskampf konnten Murdoch etwas anhaben. Er stellte seine Qualitäten als entschlossener und gnadenloser Lenker unter Beweis, der vor nichts zurückscheute, wenn es darum ging, die eigenen Ziele zu verwirklichen. Sein Ehrgeiz wurde höchstens noch von seinen Schulden getoppt. Anfang der Neunzigerjahre war er 7 Milliarden US-Dollar im Minus, und nur ein Last-Minute-Geschäft Anfang 1991 bewahrte ihn vor dem Bankrott. Seine Entschlossenheit, seine rücksichtslose Zielstrebigkeit und sein unbestreitbarer Geschäftssinn machten ihn zu einem der reichsten und mächtigsten Männer der Welt.

Er hat seine Kritiker, und man kann darüber streiten, ob und in welchem Ausmaß Murdochs eigene politische Ansichten die Qualität und die Überparteilichkeit der von seinem Mediennetzwerk verbreiteten Nachrichten beeinträchtigen. Fox, sein notorisch rechtslastiger Fernsehsender, war Gegenstand eines bissigen US-Dokumentarfilms, *Outfoxed: Rupert Murdoch's War on Journalism.* Aber hinsichtlich seiner Fähigkeit, seine Autorität zur Geltung zu bringen, Anordnungen durchzusetzen und Protest zu ersticken, gibt es keine zwei Meinungen.

兵法 »*Sorge für das Wohlbefinden deiner Männer und fordere nicht zu viel von ihnen. Konzentriere deine Energie und spare deine Kräfte*«, mahnt Sunzi. Die Truppen gut zu ernähren und zu versorgen, damit sie im Bedarfsfall bei Kräften und guten Mutes sind, gehört zu den Aufgaben eines Heerführers.

Wie kein Krieg ohne die Soldaten gewonnen werden kann, kann kein Unternehmen ohne seine Beschäftigten erfolgreich sein. Unternehmen tun folglich gut daran, sich um das Wohl ihrer Mitarbeiter zu kümmern, auch wenn diejenigen, die diesen Rat befolgen, die Ausnahme bilden. Die Speiseeisfirma Ben & Jerry's beispielsweise wurde im Jahr 1978 von zwei Exhippies gegründet, nachdem diese an einem Kurs über Eisherstellung für 5 US-Dollar teilgenommen hatten. Während das Geschäft florierte, konnte sich einer der beiden – Ben Cohen – nicht so recht mit dem Gedanken anfreunden, dass er nun zur Wirtschaftswelt gehörte. Erst als sein Freund ihm vorschlug, die Regeln neu zu schreiben, war er bereit, sich ganz auf das einzulassen, was er bis heute als »Caring Capitalism« bezeichnet.

In Übereinstimmung mit ihren Hippiewerten wollten Cohen und sein Mitgründer Jerry Greenfield ein Unternehmen mit gesellschaftlichem Verantwortungsbewusstsein schaffen, das auf gegenseitigem Respekt und nicht auf Ausbeutung gründete. Und genau das taten sie. Heute sind sie berühmt für die Art, wie sie ihre Mitarbeiter behandeln und dabei sicherlich nicht überfordern. Die »Joy Gang« beispielsweise ist eine Gruppe von Freiwilligen, deren Aufgabe es ist, aufzupassen, dass »die Arbeit nicht zur Schinderei« wird. Mit einem Jahresbudget von 20 000 US-Dollar hat die Gruppe Massage- und Pizzatage, einen »National Clash Dressing Day« (an dem Preise

»Community Partnerships, die Bereitstellung von Sachleistungen und profitables gesellschaftliches Engagement bieten Unternehmen jeder Größe neue Möglichkeiten, ihre Beziehungen zur Gesellschaft zu intensivieren. Gesellschaftliches Engagement ist immer gut fürs Geschäft.«

C. WILLIAM VERITY JUN.

für schlechte Kleidung verliehen werden) und sogar einen »Barry Manilow Appreciation Day« eingeführt.

Es gibt Kritiker, die vermuten, dass die Hippiewerte hier lediglich genutzt wurden, um einen Markt auszubeuten, aber die Fakten sprechen dennoch für sich. Die Mitte der Achtzigerjahre zwecks Finanzierung von Gesellschaftsprojekten gegründete Ben & Jerry's Foundation stiftete 7,5 Prozent des Gewinns vor Steuern für gemeinnützige Zwecke (der branchenübliche Durchschnitt liegt bei einem Prozent). Die Nonprofit-Initiative »1 % for Peace«, die sich das Ziel steckte, ein Prozent des US-Verteidigungshaushalts in friedensfördernde Projekte zu investieren, ist mittlerweile zu einer mächtigen Bewegung geworden. Ben & Jerry's verhält sich schlicht anders, und das Unternehmen hat bewiesen, dass man Geld verdienen und gleichzeitig ein gutes Mitglied der Gesellschaft sein kann. Weil das Unternehmen ein Ohr für seine Mitarbeiter, seine Kunden (die Geschmacksrichtungen Cherry Garcia und Chunky Monkey wurden beide von Kunden vorgeschlagen) und die Gesellschaft hat, ist es nicht nur rentabel, sondern lässt alle Beteiligten nachts schlafen.

Auch nach der Übernahme durch Unilever im Jahr 2000 für 326 Millionen US-Dollar verkörpert das Unternehmen die Werte seiner Gründer und achtet sorgfältig auf das Wohlergehen nicht nur seiner Mitarbeiter, sondern auch seiner Kunden und der Gesellschaft insgesamt.

Lässt Ihr Unternehmen Raum für »Caring Capitalism«? Ermuntern Sie Ihre Mitarbeiter, sich Gedanken darüber zu machen, wie sich Ihr Unternehmen in seinem gesellschaftlichen Umfeld engagieren könnte. Geld zu spenden, reicht allein nicht aus. Was Sie benötigen, sind innovative Ideen, die breiter in die Gesellschaft wirken und sich darauf konzentrieren, wie Ihr Unternehmen anderen helfen kann. Wählen Sie die besten Vorschläge aus und setzen Sie sie um.

兵法

Meister Sun erklärt: »*Bringe deine Soldaten in Situationen, aus denen es kein Entrinnen gibt, so werden sie um ihr Leben kämpfen, anstatt zu fliehen. Sobald sie dem Tod ins Antlitz blicken, gibt es nichts, was sie nicht erreichen können. Offiziere und Soldaten werden ihr Äußerstes geben.*« Schließen Sie die Notausgänge und stellen Sie sich mit dem Rücken zur Wand.

Es ist erstaunlich, was der Mensch leistet, wenn er keinen anderen Ausweg mehr sieht. Ob aus Treue oder Verzweiflung – wenn der Fortbestand eines Unternehmens auf dem Spiel steht, zeigen die Mitarbeiter eine ungeahnte Einsatzbereitschaft. »*Auch ohne Ermahnung*« geben sie ihr Äußerstes. »*Sobald es kein Entrinnen gibt, halten sie eisern die Stellung.*«

Mit dem Unternehmen Malden Mills assoziiert man zwei Dinge: erstens die Erfindung von Polartec – einem leichten synthetischen Fleece aus recycelten Plastikflaschen – und zweitens die Reaktion von Eigentümer und Beschäftigten, als Malden Mills im Jahr 1995 niederbrannte.

Aaron Feuerstein, der Besitzer von Malden Mills, kam gerade von einer Überraschungsparty zu seinem 70. Geburtstag zurück, als er von dem Feuer hörte. Die einzig gute Nachricht war, dass niemand zu Tode gekommen und die Fabrik für 300 Millionen US-Dollar versichert war. Als sich etliche der 2400 Beschäftigten in einer nahe gelegenen Turnhalle versammelten, um zu erfahren, wie es weitergehen würde, taten sie das in der Erwartung, dass Feuerstein die Fabrik schließen und mit dem Geld in den Ruhestand gehen würde. Er betrat jedoch die Halle, strich sich die Schneeflocken vom Jackett, durchschritt die Menge und verkündete, dass nicht nur die Fabrik am selben Ort wieder aufgebaut, sondern dass alle Beschäftigten während der Bauphase weiterbezahlt würden. Die Zusatzleistungen im Bereich der Krankenversicherung und das traditionelle Weihnachtsgeld würden ebenfalls unverändert ausgezahlt. Der Saal explodierte förmlich. Kein

»Wer den Erfolg sucht, findet einen Weg; wer ihn nicht sucht, findet eine Entschuldigung.«
LEO AQUILA

Auge blieb trocken – sogar die anwesenden Journalisten, die eine ganz andere Story erwartet hatten, waren ergriffen.

Die Beschäftigten beteiligten sich rund um die Uhr an den Aufbauarbeiten und nach nur neunzig Tagen arbeitete die Fabrik wieder nahezu mit voller Kapazität. Produktivität und Qualität verbesserten sich sogar und die Ausschussrate fiel von sieben auf zwei Prozent. Feuerstein wurde zum Nationalhelden.

Die Springfield Remanufacturing Corporation (SRC), über die wir in Idee 20 sprachen, griff auf dieselbe Philosophie zurück. Als der Bankrott des Mutterkonzerns von SRC unmittelbar bevorstand, kauften Jack Stack und zwölf andere Manager das Unternehmen und stellten sich mit dem Rücken zur Wand. Sie schlossen die Notausgänge und fanden die Reserven und die Leidenschaft, mit denen sie nicht nur das Unternehmen retteten, sondern auch eine neue Geschäftsphilosophie gebaren – *The Great Game of Business.*

Malden Mills war ein solch glückliches Ende leider nicht vergönnt. Das Unternehmen kam niemals mehr ganz auf die Beine, aber Feuerstein hatte das Richtige getan und sollte dafür entsprechend gewürdigt werden.

Wer der Katastrophe ins Auge blickt, mobilisiert alle Kräfte, um ihr zu entkommen. Aber Vorsicht: Möge diese Kraft immer nur zu Ihren Gunsten und niemals gegen Sie wirken! Sunzi sagt: »*Umzingelst du eine Armee, so lasse einen Ausgang frei. Setze einen verzweifelten Feind nicht übermäßig unter Druck.*«

兵法

Obwohl Sunzi einer kontrollierten Instrumentalisierung von Zorn und anderen Gefühlen das Wort redet, um die Kampfeskraft der Soldaten zu steigern, sagt er auch: »*An dem Tage, an dem du sie zur Schlacht rufst, mögen deine Soldaten weinen.*« Emotionen gehören zu Leben und Tod – und auch Soldaten sind in erster Linie Menschen.

Lange Zeit wurde von den Menschen erwartet, dass sie zur Arbeit kamen, ihre Gefühle am Garderobenständer ließen und ihren Job verrichteten. Die unbestreitbare Tatsache, dass es sich um Menschen handelte, wurde geflissentlich übersehen. Für das Privatleben oder gar für komplizierte persönliche Probleme und offene Gefühlsbekundungen war da kein Platz. Wer bestehen und sich eine Aufstiegschance bewahren wollte, musste den stoischen Workaholic herauskehren.

Heute ist die Sichtweise eine andere. Ford zum Beispiel galt nicht gerade als Vorbild für die Arbeiterbefreiung. Die stolze Geschichte des Unternehmens gründet vielmehr auf Industrialisierung und Automatisierung. Aber selbst bei Ford ändern sich die Zeiten. Heute berücksichtigen die 360-Grad-Leistungsbeurteilungen nicht nur Vorgesetzte und Kollegen, sondern auch Familienangehörige und Freunde. In die Bewertung geht nicht nur der Beitrag zum Unternehmen, sondern auch zur Familie und zum gesellschaftlichen Umfeld ein. Fords »Total Leadership for the New Economy« ist eine unmittelbare Antwort auf die mit dem Unternehmensbetrieb verbundene Stressbelastung. Das Unternehmen respektiert, dass die Mitarbeiter nicht nur einen Job, sondern auch noch andere Verantwortlichkeiten haben, denen sie gerecht werden müssen, um glückliche und produktive Menschen zu sein.

Eine wachsende Zahl von Unternehmen ist mittlerweile davon überzeugt, dass mit der Fähigkeit der Mitarbeiter, Emotionen

»Ohne Emotionen kann man Dunkelheit nicht in Licht und Apathie nicht in Bewegung verwandeln.«
Carl Gustav Jung

zu verstehen und zu steuern, auch ihre Leistung und Produktivität, die Harmonie am Arbeitsplatz und die Qualität der Kundenkommunikation zunehmen – alles Faktoren, die sich unmittelbar in der Bilanz bemerkbar machen.

Ein anderer Ausnahmekandidat ist American Express. Mehr als zwei Drittel der Amex-Kunden lehnten es ab,

Machen Sie es sich zur Aufgabe, mehr über Ihre wichtigsten Mitarbeiter in Erfahrung zu bringen. Finden Sie zu jedem Mitglied Ihres Teams etwas Persönliches heraus, das nicht in seiner Personalakte steht. Das können die Namen seiner Kinder, die Sportmannschaft, für die er schwärmt, oder sein bevorzugter Urlaubsort sein. Dazu wird es erforderlich sein, dass Sie mit ihm von Mensch zu Mensch sprechen.

eine Lebensversicherung abzuschließen, auch wenn ihre finanzielle Situation einen solchen Schritt sinnvoll erscheinen ließ. Nachdem eine Arbeitsgruppe das Problem analysiert hatte, führte die Lösung, so einfach sie auch war, den Unternehmensriesen auf völlig unbekanntes Terrain. Das Problem war emotionaler Art. Die Kunden wollten einfach nicht über den Tod reden und die Kundendienstmitarbeiter kannten sich im Umgang mit so emotional aufgeladenen Fragen nicht aus.

Die Lösung bestand darin, die Kundenbetreuer einem Spezialtraining zu unterziehen, das ihr Bewusstsein für ihre eigenen Emotionen schärfte. Und das Ergebnis brachte Zigmillionen zusätzliche Dollar in die Kasse.

Das Interesse an den Emotionen am Arbeitsplatz geht zu einem großen Teil auf die Arbeiten von Daniel Goleman zurück. Nach seinem Buch *Emotionale Intelligenz* aus dem Jahr 1995 verfasste er noch zahlreiche weitere Titel zu dem Thema. Vielleicht war es eine Frage der richtigen Botschaft zum richtigen Augenblick.

Die Wirtschaft handelt davon, dass Menschen anderen Menschen etwas verkaufen. Menschen haben Gefühle und wollen dementsprechend behandelt werden.

兵法   **Ein geschickter Taktiker ist wie die Shuairan-Schlange – zu raschen Attacken sowohl mit dem Kopf als auch mit dem Schwanz fähig.**
Sunzi führt weiter aus: »*Überqueren miteinander verfeindete Männer den Fluss gemeinsam in einem Boot und kommt ein Sturm auf, so werden sie einander helfen wie die linke Hand der rechten.*«

Meister Sun weist im Prinzip darauf hin, dass eine Armee lernen muss, wie eine geschlossene Einheit zu handeln und auf jede Art von Gefahr rasch zu reagieren. Er unterstreicht dies, indem er sagt, wenn Feinde in Gefahrensituationen zusammenarbeiten können, dann sollte das erst recht innerhalb einer Armee möglich sein. Viele Schlachten werden jedoch mangels inneren Zusammenhalts verloren. Im Wirtschaftskontext ist die Botschaft ebenso relevant. Viele Unternehmen haben weniger mit der Konkurrenz zu kämpfen als mit internen Streitigkeiten und Konflikten.

Ein berühmtes Beispiel für mehrere rivalisierende Unternehmen, die sich angesichts einer unsicheren Zukunft zusammengeschlossen haben, ist die Schweizer Uhrenindustrie. Vereint durch das unbestritten wichtigste Ziel – das Überleben – demonstrieren sie mit ihrem Beispiel die Macht der Kooperation unter Gegnern.

Wenn die Rede auf die Schweiz kommt, denken wir unwillkürlich an Uhren. Ende der Siebzigerjahre jedoch befand sich die prestigereiche Branche in großen Schwierigkeiten. Die billige asiatische Konkurrenz hatte den Schweizer Marktanteil von 30 auf neun Prozent schrumpfen lassen. Schweizer Präzision wurde stets mit dem oberen Preissegment in Verbindung gebracht, das jedoch aufgrund importierter Fälschungen ebenfalls in Bedrängnis geriet.

In einem letzten verzweifelten Versuch rauften sich die führenden Schweizer Hersteller – die sich bis zur Krise erbittert

»Zweifle nie daran, dass eine kleine Gruppe besonnener und entschlossener Bürger die Welt verändern kann. Alle Veränderungen sind so zustande gekommen.«
MARGARET MEAD

Wenn Ihr Projekt gegenwärtig auf der Stelle tritt, sollten Sie eine Liste aller beteiligten Mitarbeiter und ihrer Zuständigkeiten erstellen. Wenn hier Unklarheiten bestehen, wissen Sie bereits, was Sie als Erstes tun können. Wenn aber die Zuständigkeiten klar definiert sind und das Projekt dennoch nur langsam vorankommt, sollten Sie mit den einzelnen Beteiligten über ihre Arbeitsbelastung und ihren Einsatz sprechen. Es kann nämlich sein, dass das Projekt für den einen oder anderen nicht mit seinen sonstigen Prioritäten vereinbar ist.

bekämpft hatten – zusammen und gründeten ein Konsortium namens ASUAG-SSIH. (Dankenswerterweise wurde daraus später unter Vermittlung von Nicolas Hayek die kürzere Variante SMH.) Sie hatten zu Recht den Eindruck, dass es besser sei, gemeinsam im Kampf zu unterliegen, als einsam jammernd zu sterben. Das Ergebnis war die Swatch.

Die als Wegwerf- und austauschbares Modeprodukt positionierte Swatch-Uhr stellte einen direkten Angriff auf das niedrigere Preissegment dar. Sie war technisch einfach gehalten – es ging nicht um eine Uhr, die von Generation zu Generation weitervererbt wird. Es gab eine große Bandbreite von meist grellen Farben und stets wechselnden Stilen und Entwürfen. Die Uhren waren erschwinglich und witzig und brachten das Schweizer Uhrenhandwerk im Handumdrehen wieder an die Spitze – der Schweizer Anteil kletterte auf 50 Prozent des weltweiten Marktes. Ständige Innovationen und Veränderungen im Design machten die Swatch sogar zu einem Sammlerobjekt – sodass sie möglicherweise doch noch ihren Weg durch die Generationen finden wird.

Nichts von alledem wäre denkbar gewesen, hätte nicht das Überleben der gesamten Branche auf dem Spiel gestanden. Wir haben hier ein Beispiel für das, was Gegner oder Konkurrenten gemeinsam schaffen können, wenn sie von außen bedroht werden.

兵法 Im Krieg legt Sun viel Wert auf stille Überlegungen, geheime Strategie und Planung und auf die Verwendung von Täuschungsmanövern, wo immer erforderlich: »*Der Heerführer muss verschwiegen sein, damit seine Absichten verborgen bleiben; er muss standhaft und gerecht sein, damit seine Männer ihm gehorchen.*«

Auch in der Wirtschaft sollten Sie nicht immer jeden in Ihre Karten blicken lassen – wie Gerald Ratner zweifelsohne bestätigen würde. Ratner war dem Familienunternehmen als junger Mann beigetreten und übernahm im Jahr 1984 den Posten des CEO. Er führte es rasch an die Spitze der Juweliergeschäfte und schuf bald ein eindrucksvolles Imperium. Unter seiner Ägide wurde aus dem Familienbetrieb mit 130 Läden und einem Umsatz von 13 Millionen britischen Pfund eine Aktiengesellschaft mit 2500 Läden, 25 000 Beschäftigten und einem Umsatz von 1,2 Milliarden britischen Pfund.

Kein Wunder also, dass er vom Institute of Directors zu einem Vortrag eingeladen wurde. Im Jahr 1991 hielt er vor 6000 Wirtschaftsvertretern – und zu Ratners Pech auch vor mehreren Journalisten – seine mittlerweile berühmt-berüchtigte Rede. Er scherzte: »Wir führen auch Sherrykaraffen aus geschliffenem Glas komplett mit sechs Gläsern auf einem versilberten Tablett, auf dem Ihr Butler Ihnen Drinks servieren kann – für nur 4,95 britische Pfund. Die Leute fragen: ›Wie können Sie das so billig anbieten?‹ Und ich antworte ihnen: Es ist nichts als billiger Tand.«

Die anwesenden Journalisten stürzten sich auf die Geschichte und binnen 24 Stunden befand sich das Unternehmen im freien Fall. Ratner war weder betrunken noch nervös und hatte den Scherz in der allerletzten Minute angefügt – eine Entscheidung, die Ratners Börsenwert um eine halbe Milliarde britische Pfund verminderte. Nach 18 sehr schwierigen Monaten wurde Ratner schließlich aus dem Familienunternehmen gedrängt.

»Schweigen hat seine Zeit, Reden hat seine Zeit.«
PRED. 3,7

Obwohl sein Name mittlerweile zum Synonym für unpassende Bemerkungen geworden ist, ist Gerald Ratner bei Weitem nicht die einzige hochrangige Führungskraft, die sich Ähnliches geleistet hat. Barclays' CEO Matt Barrett riet klugen Kunden, auf seine Produkte nach Möglichkeit zu verzichten. Er gestand, seine vier Kinder angewiesen zu haben, »keine Schulden auf ihren Kreditkarten anzuhäufen«. Als Zeuge vor dem Commons' Treasury Select Committee zum Thema Kreditkarten sagte er, er selbst nutze keine Kreditkarten von Barclays, weil sie zu teuer seien.

Oder was ist mit Topman-Markenchef David Shepherd? Er beschrieb seine Zielgruppe als »Hooligans oder so«, die sich einen Topman-Anzug »für ihr erstes Jobinterview oder ihre erste Gerichtsverhandlung« zulegten.

Auch wenn an den Äußerungen sicherlich etwas Wahres war, bewiesen sie einen Mangel an Sensibilität. Und auch wenn sie aus dem Kontext gerissen sind, gemahnen sie uns, lieber den Mund zu halten. Erfahrene Führungskräfte bewahren Stillschweigen und lassen sich weder privat noch öffentlich zu abfälligen Bemerkungen über die eigenen Produkte oder Kunden verleiten.

Praxistipp

Bevor Sie – oder ein anderer in Ihrem Unternehmen – eine Präsentation vor externen Zulieferern, Kunden oder Medienvertretern halten, müssen Sie sicherstellen, dass sie wasserdicht ist. Lassen Sie mehrere Kollegen die Präsentation gründlich lesen, damit gewährleistet ist, dass die Fakten stimmen und auch aus dem Kontext gerissene Zitate keinen Schaden anrichten können. Die Regel sollte sein: »Im Zweifel streichen.« Ein zweites Augenpaar kann Sie vor kostspieligen Fehlern bewahren, die Sie Ihr Leben lang bereuen würden.

兵法 »Wir können keine Bündnisse mit unseren Nachbarn eingehen, solange wir ihre Absichten nicht kennen«, warnt Sunzi. Und niemand eigne sich zum Heerführer, sofern er nicht »mit der Geografie vertraut« ist. Wer es nicht ist, muss sich der »Hilfe von Ortskundigen« bedienen.

Dieser Rat gilt ebenso für die Vorstandsetage eines Unternehmens wie für das Schlachtfeld. Ende der Sechzigerjahre gehörten die *News of the World* der Familie Carr. Einer der Carrs wollte aussteigen, und als erster Ersatz bot sich Robert Maxwell an, dem unter anderem der *Daily Mirror* gehörte. In Anbetracht der Qualität und der Reputation des eigenen Produkts empfand jedoch die Familie ein solches Bündnis als unter ihrer Würde, und so fiel die Rolle des »Retters in der Not« ausgerechnet Rupert Murdoch zu.

Obwohl er weniger als Maxwell bot, kam das Geschäft zustande – unter der Bedingung, dass die Carr-Familie beteiligt blieb, und mit dem Versprechen Murdochs, die Zeitung nicht vollständig unter seine Kontrolle bringen zu wollen.

In einem Täuschungsmanöver, dem Sunzis Bewunderung sicher gewesen wäre, tat Murdoch jedoch sechs Monate später genau dies. Die Carr-Familie hatte sich auf ein Bündnis mit Murdoch eingelassen, ohne seine wahren Absichten zu kennen – und offensichtlich ohne sich sein Versprechen schriftlich geben zu lassen.

IBM hingegen verstand es, sich von »Ortskundigen« helfen zu lassen, als das Unternehmen in den PC-Markt wollte. Der mächtigste Computerhersteller der Welt fühlte sich von einem hergelaufenen Straßenjungen, sprich: Apple, herausgefordert. Frank Cary, damals IBM-Chairman, wies seine Leute an, bis zum August 1981 einen Personal Computer herauszubringen. Dazu musste IBM Produkte entwickeln, die außerhalb der eigenen Kernkompetenz lagen, und so beschlossen die IBM-Manager in Anbetracht der kurzen Zeit, sich von »Ortskun-

»Koalitionen, mögen sie noch so erfolgreich sein, müssen regelmäßig erleben, dass ihr Triumph von kurzer Dauer ist.«
BENJAMIN DISRAELI

digen« – nämlich von Intel und Microsoft – helfen zu lassen.

Bill Gates kannte sich mit den IBM-Strukturen aus. Und IBM hielt sich für den Platzhirsch und Microsoft für alles andere als eine Bedrohung – was konnte Microsofts Software auch ohne IBMs Hardware ausrichten? Bill Gates erkannte jedoch, dass die Computerwelt vor einem Paradigmenwechsel stand, der der Software die Vormachtstellung vor der Hardware bringen würde. Insofern war ihm ein Bündnis mit IBM höchst willkommen. Er verschmolz seine Strategie mit der von IBM und schuf Synergien, die ihn zum reichsten Mann der Welt machten. IBM wiederum tat, was dem Unternehmen so mancher Unternehmensberater empfohlen hätte: Es konzentrierte sich auf das, was es am besten konnte, und lagerte den Rest aus. Ausgerechnet Apples Weigerung, sich auf ein Bündnis einzulassen und die eigene Software in Lizenz zu vergeben, verschaffte Microsoft die Vorherrschaft.

Machen Sie sich klar, was Sie wollen, finden Sie heraus, was Ihre Verbündeten wollen, und halten Sie alles schriftlich fest, damit keine Seite die andere hintergehen kann.

Praxistipp

Wenn Sie mit Zulieferern über die Bildung von Bündnissen verhandeln, sollten Sie alles konkretisieren, was für Sie wichtig ist. Probleme entstehen häufig daraus, dass bestimmte Fälle oder Bereiche nicht berücksichtigt wurden, und nur selten daraus, dass Zusagen nicht eingehalten werden. Setzen Sie nichts als gegeben voraus und wappnen sie sich für das Worst-Case-Szenario. Darauf zu vertrauen, dass andere zu ihrem Wort stehen, ist menschlich, aber töricht – besonders wenn Ihr Bündnispartner *Die Kunst des Krieges* gelesen hat.

兵法

Meister Sun rät: »*Lenke deine Männer mit deinem Handeln, aber enthülle ihnen nicht deine Pläne; locke sie mit dem Nutzen, aber verrate ihnen nichts von der Gefahr.*« Wenn die Lage rosig ist, erzählen Sie jedermann davon – ansonsten schweigen Sie lieber.

Im Krieg sieht man leicht, warum dieser Ansatz nützlich ist. Und auch in der Wirtschaft hat sich diese Philosophie bewährt: Wir kennen Sie unter dem Namen »Mushroom-Management« – lassen Sie Ihre Leute im Dunkeln und bedecken Sie sie mit Mist. Seltsam nur, dass bis heute keine Fallstudie existiert, aus der hervorgeht, ob diese Idee praxistauglich ist.

Ein Unternehmen, das sich Sunzis Rat offenbar zu Herzen genommen hat, ist Exxon. Am 24. März 1989 kurz nach Mitternacht lief der Tanker *Exxon Valdez* auf das Bligh-Riff im alaskischen Prinz-William-Sund. Er hatte 163 000 Tonnen Rohöl an Bord, von denen 40 000 Tonnen ins Meer flossen. Im Augenblick der Havarie, dessen Grund ein Ausweichmanöver wegen Eisgangs gewesen war, stand Gregory Cousins, der dritte Steuermann, am Ruder. Er war jedoch nicht befugt, den Tanker in diesen Gewässern zu lenken. Es gab Behauptungen, der Kapitän sei betrunken gewesen, obwohl ihn eine alaskische Jury zumindest von diesem Vorwurf freisprach.

Es war eine Katastrophe. Die ruhige Wetterlage unmittelbar nach dem Unglück bot eigentlich günstige Bedingungen, um den Schaden einzugrenzen, aber die Chance wurde vertan. Eine spätere Eindämmung wurde durch das sich verschlechternde Wetter unmöglich gemacht. Die Exxon-Zentrale sagte nichts: Exxon-Chairman Lawrence Rawl vertraute den Medien nicht. Als er gefragt wurde, ob er zu einem Interview bereit sei, lehnte er ab mit der Bemerkung, für »so etwas« habe er keine Zeit. Das Ereignis zog ganze Heerscharen von Journalisten an, die nicht nur ausführlich

»Lassen Sie Ihre Leute nicht über Ihre Strategie im Dunkeln. Kommunizieren Sie sie in Ihrem Unternehmen. Heute ist es besser, zu viel als zu wenig zu verraten.«
JOEL ROSS

über die Naturzerstörung und die mangelhafte Schadensbegrenzung, sondern auch über das Schweigen des verantwortlichen Unternehmens berichteten. Erst als Präsident Bush die Havarie zu einer »großen Tragödie« erklärte, eilten Exxon-Manager nach Alaska, um dort eine Pressekonferenz abzuhalten.

Informieren Sie Ihre Mitarbeiter sowohl über die guten wie über die schlechten Entwicklungen und Ereignisse. Wenn Sie ihnen nicht sagen, wo die Probleme liegen, werden sie automatisch vom schlimmsten Fall ausgehen, und das tut der Moral und der Leistung niemals gut. Erläutern Sie Ihren Mitarbeitern also die Probleme. Man weiß nie – vielleicht finden Sie auf diesem Wege eine Lösung, auf die Sie allein niemals gekommen wären.

Gute Nachrichten zu verbreiten, ist sicherlich sinnvoll, und es besteht keine Notwendigkeit, jede schlechte Neuigkeit in die Welt zu posaunen. Aber es ist eine andere Sache, 125 Olympiabecken voller Rohöl und ölverklebte Strände von 470 Kilometern Länge mit Schweigen zu übergehen. Die Chancen, dass dies geheim bleibt, stehen äußerst schlecht.

Exxon schwenkte zwar schließlich um, aber das anfängliche Schweigen kam das Unternehmen – und, noch wichtiger, die alaskische Natur – teuer zu stehen. Die Aufräumarbeiten dauerten vier Jahre und verschlangen 2,1 Milliarden US-Dollar.

Schweigen in harten Zeiten mag in den Augen Meister Suns ein gutes Rezept gewesen sein; in der Wirtschaft von heute nützt es allerdings nur selten.

兵法

Sunzi sagt: »*Bricht Feuer im Lager des Feindes aus, so antworte sofort mit einem Angriff von außen.*« Obwohl diese Stelle nicht metaphorisch gemeint ist, spricht Sunzi an früherer Stelle davon, die Fehler des Feindes für sich zu nutzen: »*Lässt der Feind eine Tür offen, so stürme hinein.*«

Auch wenn der Fleecehersteller Malden Mills, wie in Idee 42 erläutert, durch eines der größten Feuer in der US-amerikanischen Unternehmensgeschichte zerstört wurde, sind Brände im Wirtschaftsleben eher die Ausnahme. Und an den wirtschaftswissenschaftlichen Fakultäten sind sie schon gar kein Thema. Wir sollten Meister Suns Rat also in einem erweiterten Sinne verstehen. Er appelliert an den Opportunisten in uns. Das Wirtschaftsleben stellt uns vor so manche unerwartete Hürde: Einige dieser Hürden sind extern bedingt, etwa wenn neue Gesetze erlassen werden oder die Marktbedingungen sich verändern; andere sind das Ergebnis eines internen Fehlers oder einer internen Schwäche. In jedem Fall müssen Sie sich jedoch darauf gefasst machen, dass die Konkurrenz ihre Chance wittert, sobald Sie ins Straucheln geraten. Wenn hingegen Ihre Konkurrenz einen schwachen Tag hat, sollten Sie nicht zögern, sondern bereit stehen, um Ihre Chance zu nutzen.

Im Jahr 1985 stellte das britische Central Public Health Laboratory eine Verbindung zwischen Milchpulver der Marke Farley's und Salmonellen her. Das Unternehmen startete sofort eine acht Millionen britische Pfund teure Rückrufaktion, aber Ängste in Bezug auf Babynahrung lassen sich nur schwer abbauen. Farley's wurde liquidiert und für 18 Millionen britische Pfund an Boots verkauft.

Boots versuchte, die Marke wieder zum Leben zu erwecken, aber die Warnung vor Gesundheitsrisiken hatte den Wettbewerbern von Farley's den Weg geebnet. In der Zeit, als Farley's nicht erhältlich war, hatten die Rivalen Cow & Gate und Wyeth

»Ich bin lieber Opportunist und schwimme, als mit dem Ballast meiner Prinzipien unterzugehen.«
Stanley Baldwin

ihre Produktion erhöht, um die entstandene Lücke zu besetzen. Als Farley's zur Rückkehr ansetzte, waren die Kunden weg. Farley's ging im Jahr 1994 für 94 Millionen britische Pfund an Heinz, und Farley's Rusks, ein bei britischen Kindern beliebter Zwieback, erlebte immerhin eine Renaissance.

Paul Wieand war vier Jahre lang Präsident von Independence Bancorp, einer 2-Milliarden-Dollar-Bank außerhalb Philadelphias, und wäre fast einer der jüngsten CEOs eines

Ermitteln Sie die Unterschiede im Kaufverhalten Ihrer langjährigen Kunden und Ihrer Neukunden. Verdecken Ihre Gewinne im Neukundengeschäft die Verluste im Geschäft mit Bestandskunden? Dann sollten Sie sich fragen, warum diese Ihnen den Rücken kehren: Rufen Sie zehn frühere Kunden an, und fragen Sie sie. Stellen Sie fest, wo Sie potenziell verwundbar sind und ob Ihr System möglicherweise einseitig auf Neukunden oder auf Bestandskunden ausgerichtet ist. Ergreifen Sie rechtzeitig Gegenmaßnahmen, bevor Ihre Konkurrenten eine Chance wittern.

großen Unternehmens geworden. Er flog mit seiner Frau zum Feiern nach Paris, aber während er sich Froschschenkel und Rotwein schmecken ließ, setzte sein Rivale zum entscheidenden Gegenangriff an. Dieser hatte sich zuvor geschlagen gezeigt und Wieand vor seiner Abreise sogar gratuliert. Und so behielt Sunzi Recht, der behauptet: »*Friedensangebote ohne substanziellen Vertrag deuten auf eine List hin.*« Während Wieands Abwesenheit bearbeitete sein Rivale das Führungsgremium und ließ sich zum CEO wählen. Bei seiner Rückkehr wurde Wieand mit seinem eigenen Rücktrittsgesuch empfangen und diese Geschichte war für ihn zu Ende. Zum Glück fand er dann etwas noch Besseres. Ungeachtet dessen sollte uns dieser Fall eine Lehre sein.

兵法 Sunzi mahnt: »*Kein Herrscher sollte Truppen zu seinem Vergnügen ins Feld schicken; kein Heerführer sollte nur aus einer Laune heraus Schlachten schlagen.*« Wer seinen Gefühlen freien Lauf lässt und sich von verletztem Stolz oder Rache zu einem Krieg verleiten lässt, handelt unklug und leichtsinnig.

In der Wirtschaft kann sich Stolz allzu leicht verselbstständigen und vom Stolz zum Hochmut ist es nur ein kleiner Schritt. Jede Entscheidung, die auf etwas anderem beruht als solider Geschäftsstrategie und gesundem Menschenverstand, ist zum Scheitern verurteilt.

In Idee 12 sprachen wir über Dr. An Wang. Seine bitteren Erfahrungen mit IBM hinterließen bei ihm Wunden – hauptsächlich in Form von verletztem Stolz – und hatten starken Einfluss auf seine weitere Strategie, die am Ende ausschlaggebend war für seinen Abgang.

Rubbermaid, der Hersteller von Haushaltsartikeln, von dem in Idee 25 die Rede war, geriet ins Trudeln, weil sein Chef zu arrogant und stolz war, um zuzugeben, dass das, was bislang funktioniert hatte, nicht länger funktionierte. Fairerweise muss man zugeben, dass CEO Wolfgang Schmitt das Unternehmen in einer Zeit erbte, als die alten Methoden noch ausgesprochen gut funktionierten. Rubbermaid agierte in einer exklusiven Welt aus hochpreisigen Premiumprodukten, brauchte die Konkurrenz nicht zu fürchten und hatte pflegeleichte Kunden. Doch als sich das Geschäftsumfeld veränderte, reichte es nicht mehr, als innovativ zu gelten. Die Billigkonkurrenz holte qualitativ auf und kopierte die rubbermaidschen Innovationen immer schneller. Da half es auch nicht, dass Rubbermaid zu den meistbewunderten Unternehmen Amerikas gehörte. Schmitts Weigerung, die Zeichen der Zeit zu lesen, und der im Unternehmen weit verbreitete Hochmut führten dazu, dass Rubbermaid immer mehr geschwächt und im Jahr 1998 schließlich von einem Rivalen geschluckt wurde.

»Hochmut kommt vor dem Fall.«
SPRICHWORT

Eine weitere amerikanische Ikone, der Fahrradhersteller Schwinn, wurde angesichts eines sich verändernden Marktes vom eigenen Stolz und Hochmut in die Knie gezwungen. Dass der Weg steinig wird, wissen Sie spätestens dann, wenn der Marketingchef erklärt: »Wir haben keine Konkurrenz; wir sind Schwinn.«

Und dann ist da noch der Nahrungsmittel- und Elektronikkonzern Samsung, der sich vom Konzernchef und Alleinherrscher Kun-Hee Lee blindlings ins Automobilgeschäft

Wenn Sie das nächste Mal eine Entscheidung treffen und die Leute, denen Sie davon erzählen, ungläubige Augen machen, sollten Sie in sich gehen und sich fragen, was Sie zu dieser Entscheidung veranlasste. Wenn Gefühle wie Wut, Stolz, Gier oder Langeweile auch nur die geringste Rolle dabei spielten, sollten Sie die Entscheidung zurücknehmen und die Situation noch einmal unvoreingenommen bewerten. Schaffen Sie eine Atmosphäre, in der die Menschen sich ermuntert fühlen, ihre Ideen, Gedanken und Ansichten kundzutun. So haben Sie zumindest keinen Grund, Ihren Mitarbeitern gegenüber misstrauisch zu sein.

treiben ließ. Viele vermuteten hinter dieser Entscheidung mehr eine persönliche Vorliebe für Autos als eine gesunde Geschäftsstrategie. Lee war nicht nur Chairman, sondern zugleich größter Aktionär des Unternehmens, und als solcher bekam er stets, was er wollte. Nach drei Jahren rollte schließlich der erste Wagen vom Band. Fehlender Erfahrung im Automobilbau zum Trotz waren die Autos eindrucksvoll. Alle Begeisterung half jedoch nichts gegen eine stagnierende Wirtschaft, Überkapazitäten und eine sinkende Nachfrage. Seit Anfang 1999 schreibt Samsung Motors rote Zahlen – ein Steckenpferd zum Preis von einer Milliarde US-Dollar!

Ob Hochmut, Stolz oder schiere Waghalsigkeit – diese Art von Entscheidungsfindung ist kurzsichtig und töricht.

兵法

Meister Sun tadelt denjenigen, der »*mit Belohnungen von hundert Silberunzen geizt und keine Erkundungen über den Feind anstellt*«. In Anbetracht der Kosten des Krieges sei es der »*Gipfel der Unmenschlichkeit*«, nicht für Informationen zu bezahlen, die den Sieg bedeuten könnten.

In der Wirtschaft sind Informationen ebenso wichtig. Der wirtschaftliche Erfolg hängt von unzähligen Faktoren ab, aber ein Unternehmen muss zumindest seine Märkte und seine Kunden kennen, ihre Bedürfnisse erfüllen und der Konkurrenz in allen Dingen einen Schritt voraus sein. Informationen bilden die Grundlage jeder tragfähigen Entscheidung. Ohne sie rasen Sie ungebremst in die Katastrophe, wie der australische Versicherungsriese HIH erfahren musste.

Am 15. März 2001 endete einer der größten Unternehmenszusammenbrüche Australiens mit der Liquidation von HIH. Als die Konkursverwalter versuchten, die komplexe Situation zu entwirren, beschrieben ihre Verlustprognosen eine steile Aufwärtskurve. Im August desselben Jahres wurde bekannt, dass das Minus von HIH zwischen 3,6 und 5,3 Milliarden Australische Dollar lag.

HIH hatte so einige große Fehler gemacht. Eine aggressive Akquisitionsstrategie in einem dicht gedrängten Markt war sicherlich nicht hilfreich. Der problematischste Übernahmekandidat war vermutlich FAI Insurance. In Situationen wie diesen ist eine gründliche Due-Diligence-Prüfung üblich. Damit wird sichergestellt, dass die Angaben des Unternehmens zur eigenen Geschäftslage der Wahrheit entsprechen. Im Fall von Ray Williams' HIH und Rodney Adlers FAI entfiel eine solche Bestandsaufnahme jedoch. Adler hatte sich dagegen gewehrt, sodass HIH auf öffentliche zugängliche Informationen angewiesen war. Leider verrieten diese öffentlichen Informationen nicht, dass FAI im Versicherungsgeschäft mit völlig unzureichenden Rücklagen operierte. Am Ende musste HIH 300 Millionen

»Wissen
ist Macht.«
FRANCIS BACON

Dollar für ein Unternehmen hinblättern, das gerade einmal 100 Millionen Dollar wert war. Ray Williams hatte es immer schon darauf abgesehen, FAI zu kaufen, und vielleicht trübte dieser Wunsch seinen Blick. Gelegenheit, sich darüber Gedanken zu machen, hatte er zur Genüge im Gefängnis, in das ihn seine Mitschuld am Debakel am Ende brachte. Nachdem sich ein parlamentarischer Untersuchungsausschuss mit der Affäre befasst hatte, wurden mehrere Beteiligte angeklagt und zu Gefängnisstrafen verurteilt, unter ihnen Rodney Adler.

Überlegen Sie im Zusammenhang mit einem aktuellen Projekt, bei welchen Informationen Sie absolut sicher sind, dass sie stimmen. Überprüfen Sie jedes Detail und verzichten Sie auf alle spekulativen Interpretationen. Fragen Sie sich bezüglich jeder Einzelinformation: »Was würde mit dem Unternehmen geschehen, wenn dieses Detail falsch ist?« Wenn die Antwort »Das wäre eine Katastrophe« lautet, müssen Sie sich dreimal vergewissern, dass die Angaben richtig sind. Wenn jemand bestimmte Informationen unter Verschluss hält oder keine Beweise zu liefern bereit ist, ist Argwohn angebracht.

Es ist schwer nachvollziehbar, warum bei der Verweigerung einer eingehenden Due-Diligence-Prüfung nicht die Alarmglocken klingelten. Neben der FAI-Übernahme gab es dann sicherlich noch andere Gründe für den Untergang von HIH. Doch in jedem Fall zeigt uns dieses Beispiel, wie wichtig es ist, sich Informationen zu beschaffen und ihren Wahrheitsgehalt zu überprüfen. Wie der Krieg ist auch die Wirtschaft eine kostspielige Angelegenheit, und Ray Williams' mangelnde Kenntnisse über seinen »Gegner« waren in der Tat der »*Gipfel der Unmenschlichkeit*«. Rund zwei Millionen Versicherungspolicen wurden wertlos, mit katastrophalen Folgen für Hunderttausende von Unschuldigen – und das alles wäre vermeidbar gewesen.

兵法

Sunzi unterstreicht, wie wichtig es ist, von allen nur irgendwie zugänglichen Informationen Gebrauch zu machen, die den Sieg sichern helfen: *» Was den weisen Herrscher und den erfahrenen Heerführer in die Lage versetzt, Siege zu erringen und Dinge zu vollbringen, die außerhalb der Vorstellungskraft der Massen liegen, ist ihre Vorausschau.«*

Wie wir gesehen haben, sind zuverlässige Informationen die Voraussetzung für jede gute Geschäftsentscheidung. Siegeswillen demonstriert, wer alles und jeden als Informationsquelle betrachtet. Ein vorzügliches modernes Beispiel für jemanden, der ganz unglaublich erfolgreich ist, ist Zhang Yin mit ihrem Unternehmen Nine Dragons Paper, Chinas größtem Kartonagenhersteller.

Nachdem das Unternehmen, für das sie zuvor tätig gewesen war, pleitegegangen war, hatte sie die Wahl zwischen der nächsten Anstellung und der Gründung eines eigenen Unternehmens. Erfahrungen aus der Vergangenheit paarten sich mit Zukunftsvisionen und gebaren ein Imperium. An ihrem alten Arbeitsplatz war Zhang Yin die Idee zum Altpapierhandel gekommen, als sie ihrem Chef half, sich mit dem Papiertransport von Nordchina in die südchinesische Provinz Kanton etwas hinzuzuverdienen. Dieses Vorwissen paarte sich bei ihr mit der Erkenntnis, dass Chinas Bedarf an Verpackungsmaterial im Zuge des zu erwartenden ökonomischen Aufschwungs rasant zunehmen würde. Vom DVD-Player bis zum Kühlschrank, vom Gartenmöbel bis zum Haarföhn hatten alle Dinge eines gemeinsam – sie benötigten eine transportfähige Verpackung. Zhang Yin erkannte, unbeeindruckt vom Höhenflug der herstellenden Industrie, ein gewaltiges Problem sehr frühzeitig und ging es vor allen anderen an.

China verfügt nur über sehr beschränkte Holzressourcen, weil die meisten Wälder

»Ich laufe dorthin, wo der Puck sein wird, nicht dahin, wo er augenblicklich ist.«
Wayne Gretzky

bereits weichen mussten, um einem Viertel der Weltbevölkerung Platz zu machen. Die bestehenden Papiermühlen verwendeten daher überwiegend Strohzellstoff. Chinas Problem war also der Papiermangel. Am anderen Ende der Welt hingegen erzeugten die USA gewaltige Mengen von Altpapier. Amerikas Problem war, dass es in Altpapier ertrank. Zhang Yin kombinierte beide Probleme und löste sie, indem sie das unerwünschte Papier aus

Bitten Sie jeden Ihrer Manager um die Erstellung einer halben SWOT-Analyse mit den ihrer Ansicht nach größten Chancen und Gefahren für das Unternehmen. Empfehlen Sie ihnen, sich ein Bild von dem Markt, den das Unternehmen bedient, in 20 Jahren zu machen, um auf diese Weise mögliche Probleme leichter zu erkennen. Lassen Sie sie je eine Chance und eine Bedrohung auswählen, und veranstalten Sie ein Brainstorming, um die Ergebnisse zu diskutieren. Ergibt sich daraus die Notwendigkeit sofortigen Handelns?

den USA nach China transportierte, wo es recycelt wurde. Diese brillant einfache Lösung machte Zhang Yin zur reichsten Selfmade-Frau der Welt.

Aufgrund ihres Vorwissens in Sachen Papierhandel war sie in der Lage, ein Problem im Vorfeld zu erkennen, das allen chinesischen Herstellern zu schaffen machen würde – eine erschwingliche Verpackung. Nicht nur stellt sie mit ihrem Reichtum mittlerweile Leute wie J. K. Rowling und sogar Oprah Winfrey in den Schatten, sondern sie beschäftigt dazu noch Tausende von Menschen und tut etwas Positives für die Umwelt.

Große Führungspersönlichkeiten wissen, dass Informationen und Ideen von überall her kommen können. Sie erkennen Chancen, wo andere nichts als Bedrohungen sehen.

兵法

In seinem letzten Kapitel spricht Meister Sun davon, wie wichtig es ist, Spione für die Informationsbeschaffung einzusetzen. Wenn Spione geschickt eingesetzt werden, *»so weiß keiner von ihrem Tun. Ein solch geisterhaftes System ist der größte Schatz eines jeden Herrschers.«*

Wer sich für die richtige Wettbewerbsstrategie entscheiden und stets die Nase vorn haben will, ist auf Informationen über die Konkurrenz angewiesen. Spione jedoch mögen vielleicht im Krieg taugen – im zivilen Wirtschaftsleben hingegen sind sie nicht unbedingt zu empfehlen, wie McLaren und British Airways bestätigen können.

Im Juli 2007 wurde McLaren zunächst vom Verdacht der Spionage freigesprochen, nachdem beim Chefkonstrukteur des Formel-1-Rennstalls ein geheimes 780-seitiges technisches Dossier vom Erzrivalen Ferrari gefunden worden war. Natürlich war Ferrari mit diesem Urteil nicht glücklich. Aber McLaren musste nach wie vor mit einer Wettbewerbssperre rechnen und bekam später eine saftige Geldstrafe aufgebrummt. Die Ferrari-Seite hatte überhaupt nur von der ganzen Sache Wind bekommen, weil ihr der Mitarbeiter eines Copyshops, der das Dokument kopieren sollte, einen Tipp gab. Wie dieser wissen konnte, was er da vor sich hatte, ist vielleicht das größte Rätsel in der ganzen Geschichte.

Ein anderes Unternehmen, das wegen seiner moralisch zweifelhaften Art der Informationsbeschaffung in Schwierigkeiten kam, ist British Airways. Als Richard Branson im Jahr 1990 mit Virgin Atlantic gen Himmel abhob, war er für BA in Großbritannien der einzige Langstreckenkonkurrent. BA startete einen geheimen Feldzug gegen Branson. Branson merkte bald, dass etwas nicht stimmte, und war überzeugt davon, dass da jemand mit schmutzigen Tricks operierte. Zuletzt sah er sich gezwungen, seine Verdächtigungen vor Gericht zu belegen.

Die Beweislage sprach gegen BA. Virgin und einige andere kleine Fluggesellschaften

»Integrität ohne Wissen ist schwach und nutzlos, und Wissen ohne Integrität ist gefährlich und bedrohlich.«
Samuel Johnson

mieteten Kapazitäten in BABS, dem zentralen Reservierungssystem von BA. Ohne Wissen von Virgin verschaffte sich BA unautorisierten Zugang zu detaillierten Fluginformationen von Virgin, um Virgin mittels eines *»geisterhaften Systems«* aus dem Geschäft zu drängen. Eine geheime Einheit namens »The Helpliners« wurde in Raum 1278 installiert, einer fensterlosen Kammer im Nordterminal von Gatwick. Die Daten wurden in das »Virgin-Projekt« eingespeist, dessen Aufgabe es war, Branson persönlich zu diskreditieren und mit allen Mitteln Kunden zurückzugewinnen. Eine der verwendeten Taktiken war das »Switch-Selling«. BA-Mitarbeiter studierten die Virgin-Reservierungen und versuchten dann, die Virgin-Kunden entweder direkt am Gate oder zuvor per Telefon mit besonderen Anreizen wie Erste-Klasse-Flügen zu einem Wechsel zu BA zu überreden.

Einer der größten Vorteile des Internets besteht darin, dass es jedem eine globale Plattform bietet, um seine Ansichten kundzutun. Besuchen Sie regelmäßig Newsgroups, damit Sie stets darüber im Bilde sind, was dort über Ihr Unternehmen und Ihre Wettbewerber zu erfahren ist. Auch wenn Sie nichts ungeprüft glauben sollten, erhalten Sie auf diese Weise möglicherweise Einsichten, zu denen Sie auf anderem Wege keinen Zugang hätten.

Am Ende kam das Recht zu seiner Geltung und Virgin gewann den Fall. BA musste Virgin wegen Verleumdung 610 000 britische Pfund zahlen; 500 000 britische Pfund erhielt Branson persönlich. Außerdem hatte British Airways die Verfahrenskosten zu tragen, die sich nach zuverlässigen Schätzungen auf 4,5 Millionen britische Pfund summierten. Das Wichtigste für Branson aber war, dass sich das Unternehmen öffentlich bei ihm entschuldigen musste.

Die Fähigkeit, an wesentliche Informationen zu gelangen, mag *»der größte Schatz«* jeder Führungskraft sein, aber sie muss es sorgfältig und unter Einhaltung ethischer Grundsätze tun.

兵法 *Die Kunst des Krieges* steht in dem Ruf, der Täuschung das Wort zu reden. Das ließe sich sicherlich leicht missdeuten als Freibrief für Manipulationen, als frühe Rechtfertigung für schlechtes Verhalten und als Beleg dafür, dass der Zweck stets die Mittel heiligt. Aber in Wahrheit steht da etwas ganz anderes. Die Aufforderung zur Doppelzüngigkeit wird stets relativiert durch die Ermahnung zu »*Weisheit, Ehrlichkeit, Wohlwollen, Mut*« und »*Strenge*«. Vielleicht ist es diese Dichotomie, die die Menschen so lange schon fasziniert.

Sunzi spricht immer wieder von der Notwendigkeit, widerstrebende Kräfte miteinander zu versöhnen. Es scheint ihm bewusst zu sein, dass eine gute Führungskraft zwar harte Entscheidungen treffen muss, dass diese Entscheidungen aber aus einer Position der Ehrenhaftigkeit heraus erfolgen müssen. Es gibt keine richtige Antwort, keine magische Kugel und kein Allheilmittel für den militärischen oder wirtschaftlichen Erfolg.

Zu jeder Regel existiert eine Ausnahme. »Vetternwirtschaft« funktionierte nicht bei Dr. An Wang, als er seinen Sohn in das Unternehmen holte. Sie funktionierte aber sehr wohl bei Semler Senior, der die Geschäfte seinem Sohn übertrug und sich zurückzog; in den Fußstapfen seines Vaters schuf Ricardo Semler ein erstaunliches Unternehmen, das fast alle anerkannten Regeln über Bord warf. Als Barnevik beschloss, anlässlich der geplanten grenzüberschreitenden Fusion mit Brown Boveri auf eine eingehende Prüfung zu verzichten, vollzog sich die Transaktion in Windeseile und unter lautem Beifall. Ray Williams von HIH tat dasselbe mit FAI Insurance – eine Entscheidung, die ihn, zusammen mit einigen anderen Fehlentscheidungen, schließlich hinter Gitter brachte.

Es gibt keine ehernen Gesetze des wirtschaftlichen Erfolgs, aber wenn Sie begreifen, was im Normalfall funktioniert, und Aufrichtigkeit, Wahrhaftigkeit und Ehrlichkeit in Ihre Entscheidungsprozesse bringen, dann haben Sie die Nase vorn.

Als Führungspersönlichkeit müssen Sie gründlich planen, Ihr Haus in Ordnung bringen, die richtigen Mitstreiter finden und sie mit den erforderlichen Ressourcen und Vollmachten ausstatten, eine Strategie wählen und notfalls in die Trickkiste greifen. Sie müssen lernen, Ihre Taktik an die jeweils gegebene Situation anzupassen. Wie Meister Sun poetisch formuliert: *»Es gibt nur fünf Töne, aber die Melodien, die sich aus ihnen kombinieren lassen, sind so zahlreich, dass wir sie niemals alle hören können.«* Sie sollten sich mit Dynamik in Richtung auf Ihr Ziel bewegen; und wenn Sie mit jemandem verhandeln, sollten Sie *»etwas in [Ihrem] Besitz haben, was ihm teuer ist, und er wird [Ihnen] zu Willen sein«.* Vor allem aber sollten Sie *»einen gemeinsamen Standard des Mutes etablieren«* und *»die Leiter hinter sich wegstoßen«.*

Die Kunst des Krieges ist nichts anderes als eine Liste von Sätzen und kurzen Absätzen – Ideen und Erfahrungen, die Sunzi zu dreizehn Themenbereichen zusammengefasst hat. In der englischen Übersetzung von Lionel Giles, an der sich dieses Buch orientiert, finden wir 385 dieser separaten Gedanken, auch wenn sich viele davon wiederholen.

Hier haben wir uns lediglich auf 52 davon konzentriert. Um Ihre Neugier bezüglich der verbleibenden 333 ein wenig zu befriedigen, werde ich Ihnen zum Abschluss einige meiner Lieblingszitate präsentieren:

»Triffst du in den Salzsümpfen auf den Feind, so solltest du dich in die Nähe von Wasser und Gras begeben, wo du Bäume im Rücken hast.« Oder: *»Gegenden mit steilen Felsen und reißenden Bächen, tiefen Senken, Engstellen, undurchdringlichen Wäldern, Mooren und Spalten solltest du meiden oder schnellstmöglich verlassen.«*

Weil mir keine bedeutsame Parallele zwischen Wirtschaft und Salzsümpfen einfiel, habe ich dieses Zitat zuvor ausgelassen. Und wenn Sie in Geschäftsdingen erfahren sind, sind Ihnen *»Engstellen«* und *»undurchdringliche Wälder«* sicherlich vertraut, und Sie wissen auch, dass Sie sie schnellstmöglich verlassen sollten!

Quellenhinweise

Idee 1 · *The Art of War*, Sun Tzu, aus dem Chinesischen von Lionel Giles, 1910, Kap. 1 (5, 6).

Idee 2 · *The Art of War*, Kap. 1 (7, 8).
· *Brand Failures*, Matt Haig, S. 32, 139 (dt.: *Die 100 größten Marken-Flops*, Frankfurt / M. 2004).

Idee 3 · *The Art of War*, Kap. 1 (9).
· »Interview with Semco's business guru«, Reporter: Kerry O'Brien, *The 7.30 Report*, TV-Mitschnitt.
· »Maverick Leadership: A Radically Successful Approach to Management by O-mission«, Christine Miller im Interview mit Ricardo Semler, *ReSource Magazine*, Februar 2007.
· »Who's in charge here? No one«, *Observer*, Simon Caulkin, 27. April 2003.
· *The Seven-Day Weekend*, Ricardo Semler, S. ix, 5.

Idee 4 · *The Art of War*, Kap. 1 (10).
· *The Art of War*, Kap. 4, 16.
· http://en.wikipedia.org/wiki/Jack_Welch.
· »›Create Candour in the Workplace‹, says Jack Welch«, Lisa Vollmer, *Stanford Graduate School of Business Top Stories*, April 2005.

Idee 5 · *The Art of War*, Kap. 1 (16, 17).
· *Brand Failures*, S. 172 (dt.: *Die 100 größten Marken-Flops*).
· *The 75 Greatest Management Decisions ever made … and 21 of the worst*, Stuart Crainer, S. 182 (dt.: *Die 75 besten Management-entscheidungen aller Zeiten*, München 2002).
· *The Encyclopedia of Entrepreneurs*, Anthony und Diane Hallett, S. 493.

Idee 6 · *The Art of War*, Kap. 1 (18, 19).
· *The 75 Greatest Management Decisions ever made*, S. 147 (dt.: *Die 75 besten Managemententscheidungen aller Zeiten*).

Idee 7 · *The Art of War*, Kap. 1 (20).
· *Brand Failures*, S. 10–15 (dt.: *Die 100 größten Marken-Flops*).

Idee 8 · *The Art of War*, Kap. 1 (26).
· http://en.wikipedia.org/wiki/Hoover_free_flights_promotion.
· »Hoovers Free Flights fiasco recalled«, Angela Chan, BBC *News 24*,
13. Mai 2004.

Idee 9 · *The Art of War*, Kap. 2 (5, 19).
· *The 75 Greatest Management Decisions ever made*, S. 101
(dt.: *Die 75 besten Managemententscheidungen aller Zeiten*).
· *Brand Failures*, S. 119 (dt.: *Die 100 größten Marken-Flops*).
· *Brand Royalty*, Matt Haig, S. 165.

Idee 10 · *The Art of War*, Kap. 2 (17).
· *Why Smart Executives Fail and what you can learn from
their mistakes*, Sydney Finkelstein, S. 91, 100.

Idee 11 · *The Art of War*, Kap. 3 (2).
· *Brand Failures*, S. 105–110 (dt.: *Die 100 größten Marken-Flops*).

Idee 12 · *The Art of War*, Kap. 3 (5).
· »Cautionary tales of corporate confusion«, Deborah Tarrant,
Australian Graduate School of Management Magazine,
8. Dezember 2005.
· *Why Smart Executives Fail and what you can learn from
their mistakes*, S. 110.
· *Gerry Harvey: Business Secrets of Harvey Norman's Retailing
Mastermind*, James Kirby, S. 69.

Idee 13 · *The Art of War*, Kap. 3 (10).
· http://www.haagen-dazs.com
· *The 75 Greatest Management Decisions ever made*, S. 24
(dt.: *Die 75 besten Managemententscheidungen aller Zeiten*).

Idee 14 · *The Art of War*, Kap. 3 (13).
· *Why Smart Executives Fail and what you can learn from
their mistakes*, S. 79, 160.

Idee 15 · *The Art of War*, Kap. 3 (15).
· *The 75 Greatest Management Decisions ever made*, S. 56
(dt.: *Die 75 besten Managemententscheidungen aller Zeiten*).
· *Brand Failures*, S. 213 (dt.: *Die 100 größten Marken-Flops*).

· *Why Smart Executives Fail and what you can learn from their mistakes*, S. 249.

Idee 16 · *The Art of War*, Kap. 4 (13, 14)
· *Why Smart Executives Fail and what you can learn from their mistakes*, S. 196.
· *The 75 Greatest Management Decisions ever made*, S. 20 (dt.: *Die 75 besten Managementscheidungen aller Zeiten*).
· *Brand Failures*, S. 96, 84 (dt.: *Die 100 größten Marken-Flops*).

Idee 17 · *The Art of War*, Kap. 5 (1).
· *The 75 Greatest Management Decisions ever made*, S. 104, 106 (dt.: *Die 75 besten Managementscheidungen aller Zeiten*).
· »ABB: The Dancing Giant« von Kevin Barham und Claudia Heimer, besprochen von Stuart Crainer, *Strategy & Business*, 1. Quartal 1999.

Idee 18 · *The Art of War*, Kap. 5 (2).
· *CSR Performance Measures and the Mc Donald's System*, 6. März 2007.

Idee 19 · *The Art of War*, Kap. 5 (13, 15).
· »Motorola: Can Chris Galvin save his family's legacy?«, Roger O. Crockett, *Business Week*, 16. Juli 2001.
· *Why CEOs Fail*, David L. Dotlich und Peter C. Cairo, S. 49.
· *Why Smart Executives Fail and what you can learn from their mistakes*, S. 64.

Idee 20 · *The Art of War*, Kap. 5 (21).
· http://www.greatgame.com.
· http://www.srcreman.com.

Idee 21 · *The Art of War*, Kap. 6 (1).
· *The 75 Greatest Management Decisions ever made*, S. 190 (dt.: *Die 75 besten Managementscheidungen aller Zeiten*).
· *Brand Failures*, S. 23, 24 (dt.: *Die 100 größten Marken-Flops*).

Idee 22 · *The Art of War*, Kap. 6 (6, 7).
· »The Story Behind the Sony Walkman«, Tom Hormby, *Orchard*, 15. September 2006.
· http://www.sony.co.uk/article/id/1060176719725.
· http://www.bridgeclimb.com.

Idee 23 · *The Art of War*, Kap. 6 (25).
· »A Better Way to Negotiate: Backwards«, James K. Sebenius,
  Research & Ideas, 26. Juli 2004.
· http://hbswk.hbs.edu.
· *The 75 Greatest Management Decisions ever made*, S. 106
  (dt.: *Die 75 besten Managemententscheidungen aller Zeiten*).

Idee 24 · *The Art of War*, Kap. 6 (28).
· *Brand Failures*, S. 70 (dt.: *Die 100 größten Marken-Flops*).
· »Blue food goes down the drain«, Parija Bhatnagar, CNN / *Money*,
  20. Juni 2003.

Idee 25 · *The Art of War*, Kap. 6 (31).
· *The 75 Greatest Management Decisions ever made*, S. 9, 49, 194
  (dt.: *Die 75 besten Managemententscheidungen aller Zeiten*).
· *Why Smart Executives Fail and what you can learn from
  their mistakes*, S. 60.

Idee 26 · *The Art of War*, Kap. 6 (33).
· *The 75 Greatest Management Decisions ever made*, S. 99
  (dt.: *Die 75 besten Managemententscheidungen aller Zeiten*).
· *Brand Failures*, S. 15 (dt.: *Die 100 größten Marken-Flops*).

Idee 27 · *The Art of War*, Kap. 7 (20).
· »Bonuses Aren't Just for the Bosses«, Rekha Balu, *Fast Company* 41,
  November 2000.

Idee 28 · *The Art of War*, Kap. 7 (23).
· *Brand Failures*, S. 86 (dt.: *Die 100 größten Marken-Flops*).
· *Brand Royalty*, Matt Haig, S. 16.
· *Why Smart Executives Fail and what you can learn from
  their mistakes*, S. 196.

Idee 29 · *The Art of War*, Kap. 7 (25).
· *Why Smart Executives Fail and what you can learn from
  their mistakes*, S. 68.
· »Lead Softly, but Carry a Big Baton«, Jill Rosenfeld, *Fast Company* 48,
  Juni 2001.
· »Motorola: Can Chris Galvin save his family's legacy?«,
  Roger O. Crockett, *Business Week*, 16. Juli 2001.

Idee 30 · *The Art of War*, Kap. 8 (9).

· *The Art of War*, Kap. 7 (3).

· *Great Failures of the Extremely Successful*, Steve Young, S. 2.

· *The 75 Greatest Management Decisions ever made*, S. 132
(dt.: *Die 75 besten Managemententscheidungen aller Zeiten*).

Idee 31 · *The Art of War*, Kap. 8 (12).

· »The Top 25 Crimes of the Century: The Collapse of Barings Bank
1995«, Howard Chua-Eoan, *Time Magazine*, http://www.time.com/
time/2007/crimes/18.html.

· *Why Smart Executives Fail and what you can learn from
their mistakes*, S. 200.

· http://www.nickleeson.com.

Idee 32 · *The Art of War*, Kap. 9 (24).

· *The 75 Greatest Management Decisions ever made*, S. 97
(dt.: *Die 75 besten Managemententscheidungen aller Zeiten*).

· »Congressional Hearings, Enron Analysts: We Was Duped«,
Dan Ackman, http://www.forbes.com/2002/02/27/0227analysts.
html.

· »The Enron Story That Waited To Be Told«, Howard Kurtz,
18. Januar 2002, http://www.washingtonpost.com/wp-dyn/
articles/A64769-2002Jan17.html.

· *Why Smart Executives Fail and what you can learn from
their mistakes*, S. 259, 268.

Idee 33 · *The Art of War*, Kap. 9 (35).

· »Fiorina out, HP stock soars«, Paul R. La Monica, 10. Februar 2005,
http://money.cnn.com/2005/02/09/technology/hp_fiorina.

· »The Carly Chronicles: An Inside Look at Her Campaign to
Reinvent HP«, George Anders, *Fast Company* 67, Januar 2003.

Idee 34 · *The Art of War*, Kap. 9 (36).

· »The Rise and Fall of Dennis Kozlowski«, Anthony Bianco,
William Symonds und Nanette Byrnes, mit David Polek in New York,
Titelgeschichte, *Business Week*, 23. Dezember 2002.

· *Why Smart Executives Fail and what you can learn from
their mistakes*, S. 209, 258.

· »Profile: Jeffrey Skilling«, BBC *News*, 23. Oktober 2006.

· »Ebbers Agrees to Settle Shareholder Suit«, Carrie Johnson und

Yuki Noguchi, 1. Juli 2005, http://www.washingtonpost.com/wp-dyn/content/article/2005/06/30/AR2005063000693.html.

Idee 35 · *The Art of War*, Kap. 9 (41).
· »Schoolgirls' study nabs food giant«, David Eames, 24. März 2007, http://www.nzherald.co.nz/nz/news/article.cfm?c_id=1&objectid=10430610.
· »Drugs giant faces court after girls' Ribena test«, Frank Thorne, *Scotsman*, 27. März 2007.

Idee 36 · *The Art of War*, Kap. 9 (43).
· *The 75 Greatest Management Decisions ever made*, S. 139 (dt.: *Die 75 besten Managemententscheidungen aller Zeiten*).

Idee 37 · *The Art of War*, Kap. 9 (45).
· *The Seven-Day weekend*, Ricardo Semler, S. 5, 32.

Idee 38 · *The Art of War*, Kap. 10 (18).
· »Mint Condition«, Anna Muoio, *Fast Company* 30, November 1999.
· *The 75 Greatest Management Decisions ever made*, S. 196 (dt.: *Die 75 besten Managemententscheidungen aller Zeiten*).

Idee 39 · *The Art of War*, Kap. 10 (25).
· »Gene Pool, Talent Pool: Hiring is all in the family«, Gina Imperto, *Fast Company* 4, August 1996.
· http://www.southwest.com/about_swa/press/factsheet.html#Fun%20Facts.
· »Using the Recession to Grow Your Company«, Renae Merle, *Wall Street Journal*, Online-Ausgabe, http://tapnaglegpur.59.to/runbusiness/survival/20020128-merle.html.

Idee 40 · *The Art of War*, Kap. 10 (26).
· *The 75 Greatest Management Decisions ever made*, S. 154 (dt.: *Die 75 besten Managemententscheidungen aller Zeiten*).
· »Murdoch: Fox News does not favour Bush«, Claire Cozens, 26. Oktober 2004, http://www.guardian.co.uk/media/2004/oct/26/newscorporation.uselections2004.

Idee 41 · *The Art of War*, Kap. 11 (22).
· *Brand Royalty*, Matt Haig, S. 167.

Idee 42 · *The Art of War*, Kap. 11 (23–25).

· *The Art of War*, Kap. 7 (36).

· *The 75 Greatest Management Decisions ever made*, S. 86
(dt.: *Die 75 besten Managemententscheidungen aller Zeiten*).

· »The Mensch of Malden Mills«, Rebecca Leung, 6. Juli 2003,
http://www.cbsnews.com/stories/2003/07/03/60minutes/main561656.
shtml.

· »The Glow from a Fire«, Steve Wulf, *Time Magazine*, 8. Januar 1996,
http://www.time.com/time/magazine/article/0,9171,983916,00.html.

· http://www.greatgame.com.

Idee 43 · *The Art of War*, Kap. 11 (28).

· »Ford's Drive for Balance«, Keith H. Hammonds, *Fast Company*,
April 2001.

· »How do You Feel?«, Tony Schwartz, *Fast Company*, May 2000.

Idee 44 · *The Art of War*, Kap. 11 (30).

· *The 75 Greatest Management Decisions ever made*, S. 17
(dt.: *Die 75 besten Managemententscheidungen aller Zeiten*).

Idee 45 · *The Art of War*, Kap. 11 (35).

· »Ratner prepares his return to the lions' den«, Bill Wilson,
BBC *News 24*, 29. März 2005.

· »Barclays chief's gaffe recalls Ratner howler«, Bill Wilson,
BBC *News 24*, 17. Oktober 2003.

· http://en.wikipedia.org/wiki/Doing_a_Ratner.

Idee 46 · *The Art of War*, Kap. 11 (52).

· *The 75 Greatest Management Decisions ever made*, S. 231
(dt.: *Die 75 besten Managemententscheidungen aller Zeiten*).

Idee 47 · *The Art of War*, Kap. 11 (57).

· *Brand Failures*, S. 103 (dt.: *Die 100 größten Marken-Flops*).

· http://www.evostc.state.ak.us.

· »Cautionary tales of corporate confusion«, Deborah Tarrant,
Australian Graduate School of Management Magazine,
8. Dezember 2005.

Idee 48 · *The Art of War*, Kap. 12 (6).

· *The Art of War*, Kap. 11 (65).

· *Brand Failures*, S. 127 (dt.: *Die 100 größten Marken-Flops*).
· »Farley's Rusks live on, say Heinz«, BBC *News 24*, 4. Juni 2003.
· »A Leader's Journey«, Pamela Kruger, *Fast Company*, 25. Mai 1999.

Idee 49 · *The Art of War*, Kap. 12 (18).
· *Why Smart Executives Fail and what you can learn from their mistakes*, S. 31, 34, 43, 61, 63.

Idee 50 · *The Art of War*, Kap. 13 (2).
· »Case Study: HIH Insurance«,
http://www.erisk.com/Learning/CaseStudies/HIHInsurance.asp.
· »The demise of HIH: Corporate Governance Lessons«, Phillip Lipton,
Juni 2003, http://www.australian-corporate-governance.com.au/
hih_royal_commission.pdf.

Idee 51 · *The Art of War*, Kap. 13 (4).
· »The cardboard queen who's bigger than Oprah«, Mary-Anne Toy,
Sydney Morning Herald, 11. November 2006.
· »Paper Queen«, *The Economist*, 7. Juni 2007.

Idee 52 · *The Art of War*, Kap. 13 (8).
· »McLaren off hook in F1 spying row«, 26. Juli 2007,
http://news.bbc.co.uk/sport2/hi/motorsport/formula_one/6910369.stm.
· *Dirty Tricks: British Airways' secret war against Virgin Atlantic*,
Martyn Gregory, S. 78, 93, 250.

Zusammenfassung · *The Art of War*, Kap. 1 (9), Kap. 5 (7), Kap. 11 (18, 32, 38),
Kap. 9 (8, 15).

Register